OS PLANETAS

Robert Hooke (1635-1703), um assíduo observador da Lua, dos planetas e dos cometas, conhecido como o "Leonardo da Inglaterra", desenhou este esboço de um telescópio sem tubo, que lhe permitiria uma visão melhor.

DAVA SOBEL

Os planetas

Tradução
Carlos Afonso Malferrari

Copyright © 2005 by Byron Preiss Visual Publications, Inc.
Publicado originalmente nos Estados Unidos, pela Viking.
Editado mediante acordo com The Free Press, uma divisão da Simon & Schuster, Inc.

Título original
The Planets

Projeto gráfico de capa
Evan Gaffney Design

Imagem de capa
© Lynette Cook

Imagem de sobrecapa
Sistema planetário a partir de Tycho Brahe, extraída de *Harmonia macrocósmica*, de Andreas Cellarius, Amsterdam 1661. (©V&A Images/ Victoria and Albert Museum)

Preparação
Cacilda Guerra

Índice Remissivo
Renata Simões

Revisão
Carmen S. da Costa
Ana Maria Barbosa

Dados Internacionais de Catalogação na Publicação (CIP)
(Câmara Brasileira do Livro, SP, Brasil)

Sobel, Dava
Os planetas / Dava Sobel ; tradução Carlos Afonso Malferrari —
São Paulo : Companhia das Letras, 2006.

Título original: The Planets
ISBN 85-359-0917-6

1. Planetas 2. Sistema Solar I. Título.

06-6823   CDD-523.2

Índice para catálogo sistemático:
1. Planeta : Astronomia 523.2

[2006]
Todos os direitos desta edição reservados à
EDITORA SCHWARCZ LTDA.
Rua Bandeira Paulista, 702, cj. 32
04532-002 – São Paulo – SP
Telefone: (11) 3707-3500
Fax: (11) 3707-3501
www.companhiadasletras.com.br

Dedicado,
com mundos de amor,
a meus dois irmãos,
Michael V. Sobel, médico,
que deu ao nosso gato de estimação
o nome de Capitão Marvel,
e Stephen Sobel, dentista,
que acampou comigo no Space Camp.

À noite, em vigília
no impiedoso Inefável,
sei que planetas
nascem, florescem
e sucumbem,
como lírios se abrindo,
um após outro,
em cada canto e recanto
do Universo.
Diane Ackerman,
The planets: a cosmic pastoral

Em toda a história da humanidade, apenas uma geração terá sido a primeira a explorar o Sistema Solar, uma geração para a qual, na infância, os planetas são discos distantes e indistintos que se movem no céu noturno, e para a qual, na velhice, os planetas são lugares, mundos novos e diversos a serem explorados.
Carl Sagan, *The cosmic connection: an extraterrestrial perspective*

Sumário

Nota da autora à edição brasileira: sobre Plutão, 11
Modelos de mundos — *Panorama planetário*, 15
Gênese — *Sol*, 23
Mitologia — *Mercúrio*, 35
Beleza — *Vênus*, 50
Geografia — *Terra*, 67
Lunatismo — *Lua*, 90
Sci-Fi — *Marte*, 107
Astrologia — *Júpiter*, 124
Música das esferas — *Saturno*, 143
Ar noturno — *Urano e Netuno*, 155
Óvni — *Plutão*, 177
Planeteiros — *Coda*, 189

Glossário, 195
Detalhes, 201
Agradecimentos, 219
Bibliografia, 221
Créditos das ilustrações, 227
Índice remissivo, 229

Nota da autora à edição brasileira: sobre Plutão

Em junho de 2006, fui a única "não-cientista" convidada a participar do Comitê de Definição Planetária da União Astronômica Internacional (IAU). Por mais de dois mil anos, a palavra *planeta* fez-se acompanhar de seu antigo significado de "errante", mas agora os astrônomos precisavam de uma definição científica que acompanhasse as novas descobertas em nosso Sistema Solar — e também em outros sistemas solares da Via Láctea.

Praticamente desde a descoberta de Plutão a natureza invulgar desse orbe provoca discussões sobre a adequação de chamá-lo de planeta, como descrevi no capítulo 11, "Óvni". No verão de 2005, porém, um possível "décimo planeta", batizado provisoriamente de Xena, mais distante que Plutão e apenas metade do seu tamanho, transformou essa questão longeva em crise. Por mais de um ano, um comitê composto exclusivamente de cientistas planetários empenhou-se em chegar a uma definição exeqüível de "planeta", mas como não alcançaram consenso, a IAU criou o Comitê de Definição Planetária para decidir a questão e deslindar a situação de Plutão.

Éramos sete, como os planetas de outrora, e nos reunimos nos dias 30 de junho e 1º de julho no histórico Observatório de Paris, em salas que já serviram de estábulo para cavalos do rei. No curso desses dois dias, avançamos de opiniões altamente divergentes para consenso unânime: um planeta é um corpo que orbita uma estrela, com massa suficiente para que a gravidade tenha lhe dado forma quase esférica. Por essa definição, não só Plutão continuava sendo um planeta, como Caronte, sua lua, também se tornava um — o mesmo acontecendo com o novo pretendente, Xena. Incluímos ainda Ceres, o primeiro asteróide a ser descoberto, pois o telescópio Hubble nos revelara sua forma arredondada. Assim, nosso Sistema Solar redefinido continha doze planetas e poderia granjear outros se novas descobertas assim justificassem. E sugerimos a criação de uma subcategoria especial, "Plútons" — para Plutão, Caronte e Xena, que percorrem órbitas inclinadas e alongadas na orla do Sistema Solar e demoram mais de dois séculos para circundar o Sol.

Nossa definição gerou debate acalorado e prolongado na Assembléia Geral da IAU em Praga, no final de agosto. Decidiu-se eliminar a categoria Plútons e acrescentar um terceiro critério à definição de planeta, a saber, que o corpo seja o objeto dominante na vizinhança de sua órbita. Essa determinação foi aprovada e a contagem planetária caiu então para oito. Ou, como anunciou a mídia com estardalhaço: "Plutão não é mais planeta!". Agora ele deve ser considerado um "planeta-anão" — um termo admitidamente confuso, uma vez que "planetas-anões" *não* são planetas.

Em vinte e quatro horas, camisetas à venda na Internet retrucavam: "Plutão *é* um planeta", e adesivos em carros sugeriam: "Buzine se você ama Plutão". Oposição mais séria logo surgiu de astrônomos planetários que sentiam que suas idéias não haviam sido devidamente representadas na contagem final em Praga. Quase trezentos cientistas assinaram um documento que circulou pela Internet declarando-se contrários à definição da IAU, recusando-se a acatá-la e até pondo em dúvida se o órgão tinha autoridade suficiente para regular a questão.

Em outras palavras, a questão de Plutão ainda não está resolvida.

Meu grande medo é que o teor desse debate obscureça o propósito que está em seu cerne, a necessidade de uma linguagem precisa para descrever um Sistema Solar imensamente mais complexo do que aquele pelo qual me apaixonei na infância.

Ainda esta semana, Xena recebeu seu nome oficial, aprovado pela IAU: Éris, em homenagem à deusa da guerra e da discórdia na mitologia grega, aquela que despertava ciúmes e inveja e provocava desavenças entre deuses e homens. Por certo, os astrônomos não perderam o senso de humor.

Os cientistas planetários continuam discutindo o problema da definição e tentando chegar a um acordo mais amplo, à espera, talvez, da próxima Assembléia Geral da IAU, marcada para agosto de 2009, no Rio de Janeiro.

Dava Sobel
Setembro de 2006

Modelos de mundos
Panorama planetário

Pelo que me lembro, meu fetiche por planetas começou na terceira série, aos oito anos de idade — tão logo descobri que a Terra tinha irmãos no espaço, assim como eu tinha irmãos mais velhos no colégio e na faculdade. A presença de mundos vizinhos foi uma revelação ao mesmo tempo específica e misteriosa em 1955, pois, embora cada planeta tivesse um nome e um lugar na família do Sol, muito pouco se conhecia sobre qualquer um deles. Plutão e Mercúrio — como Paris e Moscou, só que ainda melhor — despertaram a minha imaginação infantil para utopias ultra-exóticas.

Os poucos fatos inequívocos sobre os planetas sugeriam aberrações fantásticas, desde extremos insuportáveis de temperatura a deformações do tempo. Mercúrio, por exemplo, é capaz de dar uma volta em torno do Sol em apenas 88 dias, comparado com os 365 dias da Terra, e, com isso, um ano mercuriano transcorre, zunindo, em menos de três meses, mais ou menos como os "anos caninos" comprimem sete anos de experiência animal em um só ano de seu dono, justificando a vida lamentavelmente curta desses bichos de estimação.

Cada planeta abria uma esfera própria de possibilidades, uma versão peculiar da realidade. Vênus supostamente ocultava pântanos luxuriantes debaixo de sua cobertura perpétua de nuvens, onde oceanos de petróleo, ou talvez de água efervescente, banhavam florestas tropicais repletas de vegetação amarelo-alaranjada. E opiniões como essas vinham de cientistas sérios, não de gibis ou de ficção sensacionalista.

A ilimitada estranheza dos planetas era um contraste abrupto com o pequeno número deles e, para falar a verdade, a novena planetária ajudava a defini-los como grupo. Entidades corriqueiras aparecem-nos em pares ou dúzias, ou em quantidades terminadas em cinco ou zero. Os planetas, porém, eram nove e apenas nove. Nove — irregular, ímpar e invulgar como o próprio espaço cósmico — é uma quantidade que, não obstante, pode ser contada nas mãos. Em comparação com a tarefa de memorizar as 48 capitais dos estados americanos da época ou as datas importantes da história da cidade de Nova York, os planetas alentavam-nos com a possibilidade de memorizá-los em uma noite. Qualquer criança que decorasse os nomes dos planetas com a ajuda de alguma sentença mnemônica absurda — "Minha velha tia matava jacarés sem usar nenhum porrete", por exemplo — aprendia simultaneamente a sua progressão correta a partir do Sol: Mercúrio, Vênus, Terra, Marte, Júpiter, Saturno, Urano, Netuno, Plutão.

A quantidade manejável de planetas fazia com que parecessem colecionáveis e motivou-me a organizá-los num diorama de caixa de sapato para a feira de ciências da escola. Reuni bolas de gude, de três-marias, de pingue-pongue e as famosas bolas pula-pula *spaldeen* com as quais nós, meninas, brincávamos durante horas na calçada. Pintei todas com têmpera e as pendurei na caixa usando limpadores de cachimbo e barbante. Meu modelo (que mais parecia uma casa de bonecas do que uma demonstração científica) não dava nenhuma noção real dos tamanhos relativos dos planetas ou das enormes distâncias entre eles. Para fazer a coisa certa, eu deveria ter usado uma bola de basquete para Júpiter, mostrando como ele sobrepuja todos os outros, e, em vez de uma caixa de sapato, a embalagem de papelão de uma lavadora ou geladeira a fim de melhor insinuar as dimensões grandiosas do Sistema Solar.

Felizmente, meu grosseiro diorama, produzido com absoluta falta de habilidade artística, não chegou a destruir minha linda visão de Saturno, suspenso na perfeita simetria de seus anéis giratórios, nem a paisagem mutante de Marte, que nos relatos científicos dos anos 1950 era atribuída a ciclos sazonais de vegetação.

Depois da feira de ciências, minha classe montou uma peça sobre os planetas: fiquei com o papel da "Estrela Solitária" porque o roteiro exigia que essa personagem usasse uma capa vermelha e eu tinha uma, que sobrara de uma fantasia de halloween. Como "Estrela Solitária", eu tinha de recitar um solilóquio sobre o quanto o Sol desejava ter companhia. Na peça, os planetas-atores, cada um com uma fala que revelava suas particularidades, logo demonstravam seu companheirismo juntando-se a mim. As atuações mais memoráveis da peça foram as de "Saturno", que rodopiava dois bambolês enquanto declamava, e da "Terra", uma menina rechonchuda e acanhada que, não obstante, era forçada a anunciar, como se fosse a coisa mais natural do mundo: "Minha cintura tem 40 mil quilômetros" (fazendo com que eu gravasse indelevelmente esse dado estatístico da circunferência do nosso planeta).

O papel de "Estrela Solitária" ajudou-me a perceber a relação parental e mistagógica do Sol com os planetas. Não é à toa que chamamos nossa parte do universo de "Sistema Solar", onde a constituição e as características individuais de cada planeta são determinadas em grande parte por sua proximidade com o Sol.

Eu excluíra o Sol de meu diorama porque não atinara com o seu poder (sem contar que isso teria me colocado um problema insolúvel de escala).* Outro motivo de eu ter deixado o Sol de lado, e também a Lua, foi a brilhante familiaridade de ambos os astros, que parecia fazer deles componentes cotidianos da atmosfera da Terra, ao passo que os planetas eram vistos só em raras ocasiões (antes de irmos para a cama ou no céu ainda escuro da madrugada) e, portanto, mais enaltecidos.

Num estudo do meio que fizemos ao Planetário Hayden, nós, garotos e garotas da cidade, pudemos ver um céu noturno idealizado, livre da luz ofuscante dos sinais de trânsito e outdoors de néon. Acompanhamos os planetas perseguindo-se uns aos outros no céu do domo do planetário. Testamos a força relativa da gravidade em balanças preparadas que mostravam quanto pesaríamos em Júpiter (180 quilos ou mais para um professor de tamanho normal) ou Marte (pesos-pena, todos nós). E nos embasbacamos diante de um meteorito de catorze toneladas que despencara inopinadamente sobre o vale Willamette, no Oregon — uma ameaça à segurança humana que poucos de nós tinham pensado em temer.

Dizia-se, inacreditavelmente, que o meteorito de Willamette (ainda em exposição permanente no que é hoje o Rose Center for Earth and Space) era parte do núcleo de ferro e níquel de um antigo planeta que outrora orbitara em torno do Sol. Por algum motivo, esse mundo se estilhaçara havia bilhões de anos, lançando fragmentos à deriva no espaço. O acaso impelira esse pedaço em particular em direção à Terra, onde despencou no solo do Oregon a uma velocidade tremenda — queimando-se no calor do atrito e

---

* Em seu inventivo folheto "The thousand-yard model, or, The Earth as a peppercorn" [O modelo de mil jardas ou a Terra como um grão de pimenta], Guy Ottewell dá instruções sobre como construir um modelo em escala do Sistema Solar usando uma bola de boliche no lugar do Sol. Nesse esquema, a Terra, com 12,7 mil quilômetros de diâmetro, é reduzida ao tamanho de uma drupa de pimenta-do-reino e assume seu lugar de direito a quase 24 metros (!) da bola de boliche.

atingindo o fundo do vale com o impacto de uma bomba atômica. Ao longo do tempo, e com o meteorito imóvel durante éons, as chuvas ácidas daquela região escavaram grandes buracos em seu corpo carbonizado e oxidado.

Aquela foi uma cena primordial que perturbou minhas inocentes idéias planetárias, pois ali estava um invasor maligno e escuro, que certamente convivera no espaço com hordas de outras rochas e pedaços de metal extraviados, e que poderia atingir a Terra a qualquer momento. O Sistema Solar, que até então fora um lar de regularidade e precisão exemplares, transformou-se subitamente num lugar desordenado e perigoso.

O lançamento do *Sputnik* em 1957, quando eu tinha dez anos, me deixou apavorada. Como demonstração de poderio militar estrangeiro, conferiu um novo significado aos exercícios de treinamento contra ataques aéreos que eram feitos em todas as escolas na época, em que tínhamos de nos agachar debaixo das carteiras, de costas para as janelas, em prol da nossa suposta proteção. Era evidente que tínhamos motivos para sentir mais pavor de outros seres humanos enfurecidos do que de rochas espaciais indisciplinadas.

Durante toda a minha adolescência e início da idade adulta, enquanto os EUA realizavam o sonho de um jovem presidente de enviar um foguete à Lua, mísseis clandestinos em silos de lançamento mantinham acesos os pesadelos coletivos. Porém, quando os astronautas do projeto Apollo trouxeram o último lote de pedras lunares em dezembro de 1972, espaçonaves pacíficas e auspiciosas já haviam pousado em Vênus e Marte, e outra, a *Pioneer 10*, encontrava-se a caminho de Júpiter. Ao longo das décadas de 1970 e 1980, raros foram os anos sem alguma excursão não tripulada a outro planeta. Imagens irradiadas de volta à Terra por exploradores robóticos pintavam-nos detalhe após detalhe dos rostos até então amorfos dos planetas. E entidades inteiramente novas vieram à luz quando as espaçonaves se depararam com literalmente dezenas de novas luas em Júpiter, Saturno, Urano e Netuno, além de múltiplos anéis em torno desses quatro planetas.

Embora Plutão continuasse inexplorado, tido como distante e inacessível demais para visitarmos, sua lua, igualmente inesperada, foi descoberta por acidente em 1978, após cuidadosa análise de fotografias tiradas por telescópios terrestres. Se minha filha, que nasceu em 1981, quisesse construir seu próprio diorama do Sistema Solar revisto e expandido ao completar oito anos, precisaria de vários punhados de jujubas e dropes para modelar os acréscimos recentes. Meu filho, três anos mais jovem, talvez decidisse fazer o seu modelo diretamente no computador.

A despeito da população crescente do Sistema Solar, o número de planetas permaneceu estável em nove, pelo menos até 1992. Naquele ano, um pequeno e escuro corpo celeste, independente de Plutão, foi detectado na periferia do Sistema Solar. Descobertas semelhantes se sucederam e o número total de forasteiros diminutos chegou a setecentos na década seguinte. Essa abundância de minimundos levou os astrônomos a perguntar se Plutão deveria continuar sendo considerado um planeta ou se seria mais acertado reclassificá-lo como o maior dos "objetos transnetunianos". (O Rose Center já exclui Plutão do seu rol planetário.)

Em 1995, apenas dois anos depois que o primeiro dos muitos vizinhos de Plutão foi descoberto, algo ainda mais extraordinário veio à tona: um novo e autêntico planeta — de outra estrela. Há muito que os astrônomos suspeitavam que outras estrelas afora o Sol poderiam ter sistemas planetários próprios, e agora o primeiro deles surgia na estrela 51 Pegasi, na constelação do cavalo alado. Em poucos meses, outros exoplanetas — como os novos planetas extra-solares foram logo batizados — surgiram em estrelas como Upsilon Andromedae, 70 Virginis b e PSR 1257+12. Pelo menos 160 outros exoplanetas foram identificados desde então e refinamentos nas técnicas de descoberta prometem revelar muitos outros no futuro próximo. Na verdade, o número de planetas existentes apenas em nossa Via Láctea pode exceder seu complemento de 100 bilhões de estrelas.

Meu velho e conhecido Sistema Solar, outrora considerado único, tornou-se hoje não mais que o primeiro e mais conhecido exemplo de um gênero bastante popular.

Contudo, até o momento, nenhum dos exoplanetas foi visto diretamente através de um telescópio, de modo que os descobridores podem somente imaginar sua aparência. Só conhecemos seu tamanho e dinâmica orbital. A maioria deles são bons páreos para a corpulência de Júpiter, uma vez que planetas grandes são mais fáceis de encontrar do que os pequenos. Na verdade, a existência dos exoplanetas só pode ser deduzida do efeito que exercem sobre a estrela-mãe — que ou oscila ao ser submetida à atração gravitacional de companheiros invisíveis ou é periodicamente obscurecida quando o planeta passa diante dela, bloqueando sua luz. Exoplanetas pequenos, do tamanho de Marte ou Mercúrio, devem necessariamente orbitar sóis distantes, mas, sendo pequenos demais para perturbar uma estrela, escaparam de ser detectados à distância.

Os cientistas planetários já se apropriaram do nome "Júpiter" como termo genérico, de modo que "um júpiter" significa "um grande exoplaneta", e a massa de um exoplaneta excepcionalmente grande pode ser quantificada como "três júpiteres" ou quatro. Do mesmo modo, "uma terra" passou a representar a meta mais árdua e mais desejável dos caçadores de planetas contemporâneos, que vivem concebendo novas maneiras de investigar a galáxia em busca de pequenas e frágeis esferas nos matizes prediletos de azul e verde que aludem a água e vida.

Quaisquer que sejam as preocupações cotidianas que dominem nossa mente na aurora deste século, a contínua descoberta de sistemas planetários extra-solares define o nosso momento na história. E o nosso Sistema Solar, em vez de ter sua importância rebaixada como apenas um dentre muitos outros, vai se revelando o modelo para compreendermos uma exuberância de outros mundos.

Mesmo que os planetas se desnudem à investigação científica e proliferem por todo o universo, eles ainda retêm a carga emocional da longa influência que tiveram em nossa vida e de tudo que já representaram nos céus da Terra. Deuses de antanho, e também demônios, esses vagantes noturnos foram outrora — e ainda são — fontes de uma luz que nos inspira, o horizonte distante da paisagem cósmica do universo que é a nossa casa.

Gênese

Sol

"No princípio, Deus criou o céu e a terra", diz o primeiro livro da Bíblia. "A terra era vazia e sem forma e a escuridão cobria a face do abismo, enquanto um vento de Deus varria a face das águas. Então Deus disse: 'Faça-se luz'; e houve luz."

A energia do intento de Deus inundou de luz o novo céu e a nova terra logo no primeiro dia da grande gênese. Assim, o bem potencial da luz prevaleceu sobre as noites e manhãs, quando os mares se separaram das terras secas e a terra produziu relva e árvores frutíferas — antes mesmo de Deus colocar o Sol, a Lua e as estrelas no firmamento no quarto dia.

No cenário científico da Criação, o universo também é desencadeado num surto de energia a partir de um vazio de escuridão atemporal. Cerca de 13 bilhões de anos atrás, dizem os cientistas, a luz quente do Big Bang irrompeu, separando-se instantaneamente em matéria e energia. Os três minutos seguintes de resfriamento precipitaram todas as partículas atômicas do universo, numa proporção desigual de 75% de hidrogênio e 25% de hélio, além de vestígios minúsculos de alguns outros elementos. O universo, enquanto se expandia exponencialmente em todas as direções e continuava a esfriar, não emitiu nova luz durante no mínimo 1 bilhão de anos — até gerar as estrelas e as estrelas começarem a brilhar.

As novas estrelas se alumiaram ao pressionar os átomos de hidrogênio em suas profundezas até que se fundissem, produzindo hélio e liberando energia. A energia escapou das estrelas como luz e calor, mas os átomos de hélio foram se acumulando no interior delas, até que também eles se tornassem combustível de fusão nuclear e fossem fundidos em átomos de carbono. Em estágios subseqüentes, as estrelas ainda forjaram nitrogênio, oxigênio e até ferro. Então, literalmente exauridas, expiraram e explodiram, ejetando seu tesouro de novos elementos no espaço. As maiores e mais brilhantes legaram ao universo os elementos mais pesados, incluindo ouro e urânio. Desse modo, coube às estrelas levar a cabo o trabalho da Criação e originar uma ampla variedade de matérias-primas para uso futuro.

À medida que as estrelas enriqueciam os céus que as haviam gerado, estes engendraram novas gerações de estrelas, cujos descendentes possuíam riqueza material suficiente para construir mundos concomitantes, com mares salinos e poços de betume, com montanhas e desertos e rios de ouro.

Em seus primórdios, há cerca de 5 bilhões de anos, a estrela que é o nosso Sol emergiu de uma vasta nuvem de hidrogênio frio e poeira estelar velha numa região esparsamente povoada da Via Láctea. Alguma perturbação, talvez uma onda de choque de uma explosão estelar próxima, deve ter reverberado por essa nuvem e precipitado seu colapso: átomos muito dispersos foram se agrupando por gravitação em pequenos torrões, os quais, por sua vez, se aglomeraram e continuaram se agregando num ritmo cada vez mais acelerado. A súbita contração da nuvem elevou sua temperatura, fazendo-a girar. O que havia sido uma extensão difusa, fria e informe tornara-se agora uma nebulosa proto-solar densa, quente e esférica no limiar de um parto estelar. A nebulosa achatou-se e assumiu a forma de um disco com um bojo central. Foi lá, no cerne desse disco, que o Sol veio à luz.

No momento em que começou a fusão autoconsumptiva do hidrogênio na fornalha infernal de vários milhões de graus no núcleo do Sol, o impulso energético centrífugo estancou o colapso gravitacional centrípeto. No decorrer dos milhões de anos seguintes, o restante do Sistema Solar foi se formando a partir do gás e da poeira que haviam remanescido em torno do Sol incipiente.

O Livro do Gênese narra como o pó da terra, modelado e exaltado pelo sopro da vida, tornou-se o primeiro homem. A poeira ubíqua do Sistema Solar primordial — salpicos de carbono, grânulos de silício, moléculas de amoníaco, cristais de gelo — amalgamou-se, migalha a migalha, em planetesimais, os germes, ou estágios iniciais, dos planetas.

Ainda enquanto se formavam, os planetas afiançaram sua individualidade, pois cada um acumulou as substâncias peculiares à sua localização na nebulosa. Na parte mais quente, ladeando o Sol, Mercúrio materializou-se de uma poeira primordialmente metálica, enquanto Vênus e a Terra maduraram onde poeira rochosa e metais proliferavam. Logo além de Marte, dezenas de milhares de planetesimais rochosos tiraram proveito do abundante suprimento de carbono, mas não conseguiram se juntar num planeta maior. Essa enxurrada de mundos incompletos, chamados asteróides, ainda vaga na vasta faixa entre Marte e Júpiter; seu território, o Cinturão de Asteróides, é o grande marco divisório do Sistema Solar: do lado próximo ao Sol ficam os planetas terrestres; do outro, os gigantes gelados gasosos.

Os planetesimais mais distantes do Sol, sob temperaturas mais baixas, assimilaram quantidades abundantes de água congelada e outros compostos contendo hidrogênio. O primeiro a alcançar dimensões apreciáveis atraiu e reteve grandes quantidades de gás de hidrogênio, transformando-se em Júpiter, o colossal planeta cuja massa é duas vezes maior que a de todos os outros planetas juntos. Saturno também se engrandeceu com gás. Mais longe do Sol, onde a poeira mostrou-se ainda mais fria e rarefeita, os planetesimais demoraram mais para se desenvolver. Quando Urano e Netuno atingiram massa suficiente para se guarnecerem de hidrogênio, o grosso desse gás já se dissipara. E nos confins remotos de Plutão só restaram lascas de rochas e gelos.

Como anjos vingadores, projéteis deslocavam-se pelo jovem Sistema Solar enquanto os planetas se formavam. Mundos colidiam. Corpos gelados abalroavam a Terra, arrojando oceanos de água. Corpos rochosos traziam chuvas de fogo e destruição. Num desses cataclismos, há 4,5 bilhões de anos, um objeto desenfreado, grande como Marte (cerca de metade do tamanho da Terra), jogou-se de encontro a nós. O impacto e a convulsão resultante lançaram destroços derretidos ao espaço próximo do nosso planeta, onde permaneceram como um disco orbital até resfriarem-se e coalescerem-se no que é hoje a Lua.

A violência do período formativo do Sistema Solar cessou pouco depois, há cerca de 4 bilhões de anos, num derradeiro paroxismo batizado apropriadamente de "intenso bombardeio tardio". Naqueles tempos remotos, muitos planetesimais que ainda vagavam pelo espaço colidiram com planetas já existentes, que os incorporavam imediatamente. Multidões de outros corpos menores eram ejetados à força, por interações gravitacionais com os planetas gigantes, para uma distante terra de Nod, além tanto do Éden quanto do Sistema Solar.

O brilho do jovem Sol sobre os planetas era tênue, mas foi se tornando gradualmente mais quente e mais luminoso ao longo dos primeiros 2 bilhões de anos, à medida que armazenava hélio em seu núcleo. Hoje, já na meia-idade, o resplendor do astro continua aumentando, graças à conversão de 700 milhões de toneladas de hidrogênio em hélio *a cada segundo*. Mesmo com essa taxa galopante de consumo, a abundância de hidrogênio no Sol ainda nos garante de 3 a 5 bilhões de anos de luz confiável. Porém, é inevitável que, à medida que vai se convertendo para a fusão do hélio, ele se torne tão quente que ferverá os oceanos da Terra e aniquilará toda a vida que gerou aqui. A decuplicação da temperatura, necessária para a queima do hélio, fará com que o Sol aquentado fique vermelho e cresça em tamanho até engolir Mercúrio e Vênus e derreter a superfície da Terra. Cem milhões de anos depois, quando houver reduzido mais hélio a meras cinzas de carbono, despojar-se-á de suas camadas externas e as despachará para além de Plutão. Uma estrela maior poderia começar a queimar carbono nesse momento, mas nosso Sol, uma estrela relativamente pequena pelos padrões do universo, será incapaz de fazê-lo; em vez disso, arderá em combustão lenta, como brasa, lançando uma luz cada vez mais débil sobre esse borralho carbonizado onde Deus um dia caminhou junto aos homens. Um futuro sombrio, sem dúvida, mas tão longínquo que os descendentes de Adão e Noé terão tempo de sobra para buscar um novo lar.

O glorioso Sol da nossa era, progenitor dos planetas e sua principal fonte de energia, responde por 99,9% da massa do Sistema Solar. Tudo o que resta — todos os planetas, com suas luas e anéis, todos os asteróides e cometas — representa apenas 0,1%. Essa radical desigualdade entre ele e o somatório de seus companheiros define o equilíbrio de poder existente, pois a lei universal da gravidade decreta que os mais massudos terão domínio sobre os menos massudos. A gravidade do Sol mantém os planetas em órbita e dita suas velocidades: quanto mais próximos dele, mais depressa se movem. Mas o Sol, por seu turno, se dobra à vontade da massa concentrada de estrelas no centro da Via Láctea, em torno da qual orbita uma vez a cada 230 milhões de anos, conduzindo os planetas consigo.

Do mesmo modo como são mais ou menos atraídos pelo Sol conforme distem mais ou menos dele, os planetas também compartilham sua luz e calor. A energia solar diminui de intensidade ao irradiar-se através do espaço interplanetário. Por isso, enquanto partes de Mercúrio tostam a 430 graus Celsius, Urano, Netuno e Plutão permanecem num estado de perpétuo enregelamento. Somente na região média temperada, a chamada zona habitável, as condições permitiram o florescimento de "grandes serpentes do mar e todos os seres vivos que rastejam e que fervilham nas águas segundo sua espécie, e as aves aladas segundo sua espécie [...] e animais domésticos, répteis e feras".

Os planetas retribuem o favor de receberem luz do Sol refletindo-lhe os raios e, devido a isso, aparentam brilhar, embora não emitam luz própria. O Sol é o único corpo do Sistema Solar que lança luz de si; todos os outros reluzem por glória refletida. Até a Lua cheia, que ilumina tantas belas noites terrenas, deve sua luminosidade prateada aos raios solares que rebatem do escuro solo lunar. A Terra brilha com a mesma beleza quando vista da Lua — e pelo mesmo motivo.

O jogo de luzes espelhadas em Vênus, avizinhado ao Sol mas também o planeta mais próximo da Terra, faz com que ele pareça, de longe, o mais brilhante de todos a nossos olhos. Júpiter, embora seja muito maior, dista vários milhões de quilômetros a mais e, portanto, esmaece por comparação em nosso céu noturno. Mundos ainda mais distantes, como Urano e Netuno, por maiores que sejam, captam e devolvem tão pouca luz que Urano só ocasionalmente pode ser discernido a olho nu (como um mero ponto de luz) e Netuno, nunca.

Embora Plutão seja igualmente impossível de divisar sem auxílio de um telescópio, outros objetos na periferia do Sistema Solar podem às vezes rebentar em chamas e adquirir súbita visibilidade. Ao ser perturbado por alguma colisão fortuita, um ou outro conterrâneo de Plutão pode ser empurrado rumo ao Sol e transformar-se de uma massa fosca informe num espetacular cometa. Exposto ao calor do Sol, o corpo congelado se aquece e solta uma cauda pendente feita de gases e poeira gelada refugada que cintila com reflexos solares. Esse fulgor, contudo, esvaece e desaparece depois que o cometa circundou o Sol e retornou aos confins externos do Sistema Solar.*

As visitas dos cometas, interpretadas desde tempos imemoriais como sinais e prodígios, permitiram que se traçasse recentemente a verdadeira extensão do domínio do Sol. Delineando a parte visível da trajetória dos cometas e extrapolando o restante, os astrônomos mostraram que muitos desses astros provêm não das cercanias de Plutão, mas de um segundo conceptáculo centenas de vezes mais distante. Apesar de sua distância inimaginável, esses corpos ainda pertencem ao Sol, ainda acatam sua gravidade, ainda recebem lampejos de sua luz.

A luz solar, que dispara pelo espaço afora à estonteante velocidade de quase 300 mil quilômetros por segundo, demora éons para emergir do interior do Sol. Ela avança apenas alguns quilômetros por ano nas proximidades do núcleo solar, onde a compressão da matéria absorve-a repetidamente, impedindo-a de sair. Irradiada dessa maneira, a luz pode viajar por 1 milhão de anos antes de alcançar a região de convecção do Sol, onde finalmente pega uma rápida carona para cima e para fora nos remoinhos turbulentos dos gases ascendentes. Tão logo esses torvelinhos liberam suas cargas de luz, voltam a afundar — para subirem mais tarde trazendo mais luz.

A superfície luminosa do Sol — a fotosfera — fervilha como se estivesse em ebulição com o constante tumulto da energia libe-

---

* A poeira descartada por cometas turva o espaço interplanetário. Quando a Terra passa rodopiando por um trecho assim poluído, as partículas que caem pela atmosfera são incineradas, adquirindo a aparência de "estrelas filantes" individuais ou de chuvas de meteoros.

rada. Bolhas de gás repletas de luz dão a ela uma compleição granulosa, maculada aqui e ali por pares de manchas escuras, de formato irregular, com o centro negro e um sombreamento acinzentado *dégradé* em torno, como penumbras. As manchas solares indicam áreas de intensa atividade magnética no Sol e o fato de serem escuras decorre da sua relativa frieza — 4 mil graus Kelvin, comparado com os quase 6 mil graus das áreas vizinhas.* O nível de atividade solar aumenta e diminui em ciclos com duração média de onze anos e as manchas solares se mesclam, metamorfoseiam e multiplicam aproximadamente no mesmo compasso. A quantidade e distribuição das manchas oscilam entre fome e fartura, desde a ausência completa durante o "mínimo solar" ou Sol calmo, ou algumas poucas manchas pontilhando as altas latitudes do Sol, até o "máximo solar" ou Sol ativo, cinco ou seis anos depois, quando centenas delas se aglomeram perto do equador. Embora as manchas solares pareçam se reunir e dispersar como nuvens pela fotosfera, são na realidade transportadas daqui para lá pela rotação do Sol.

O Sol gira em torno de seu eixo aproximadamente uma vez por mês, numa continuação do movimento giratório que lhe deu origem. Sendo uma enorme bola de gás, sua rotação é complexa, com camadas diferentes rodando em velocidades diferentes. O núcleo e adjacências giram numa mesma velocidade, como um corpo sólido. A região que se sobrepõe a essa zona gira mais depressa e, mais acima, a fotosfera rodopia em várias velocidades diferentes, mais rapidamente no equador do que perto dos pólos. A combinação desses movimentos contrários fustiga o Sol sem perdão e as conseqüências são sentidas claramente por todo o Sistema Solar.

---

* Um grau Kelvin tem o mesmo intervalo térmico que um grau Celsius (ou centígrado) — equivalente a quase o dobro de um grau Fahrenheit. Entretanto, a escala Kelvin começa numa temperatura bem mais fria, -273 °C, ou "zero absoluto", em que todo movimento cessa, e não tem limite superior, o que a torna útil para descrever a temperatura das estrelas.

O "vento solar", uma exalação aquecida de partículas carregadas (reminiscente do "vento de Deus"), sopra do Sol turbulento e lança uma barragem constante contra os planetas. Não fosse o envoltório protetor do campo magnético da Terra, que desvia a maior parte do vento solar, não conseguiríamos suportar tal investida. De tempos em tempos, especialmente durante o máximo solar, a constância do vento solar é entremeada por surtos súbitos de partículas ainda mais energizadas de protuberâncias eruptivas na superfície do Sol, ou por bolhas gargantuescas de gás solar ejetado. Tais irrupções podem incapacitar satélites de comunicação aqui na Terra e desligar linhas de transmissões, provocando blecautes. Em doses mais brandas, as partículas do vento solar ressudam até a alta atmosfera, perto dos pólos Norte e Sul, iniciando descargas elétricas em cascata que provocam cortinas de luzes coloridas no céu — as chamadas auroras boreal e austral. Outros planetas também produzem auroras coloridas como reação ao vento solar, que continua soprando para além de Plutão, até a heliopausa — o limite ainda indefinido onde cessa a influência do Sol.

Da Terra, vemos o Sol como um círculo incandescente no céu, mais brilhante porém não maior do que a circunferência da Lua cheia. Os dois "luzeiros no firmamento do céu", como Sol e Lua são descritos no Gênese, mostram-se como um dueto de semelhantes. Pois, embora o diâmetro da Lua seja apenas $1/400$ do 1,39 milhão de quilômetros do diâmetro do Sol, ela está quatrocentas vezes mais perto da Terra. Essa coincidência enigmática, quase preternatural, de tamanho e distância permite que a pequenina Lua bloqueie por completo o Sol sempre que os dois corpos convergem na trajetória que compartilham nos céus da Terra.

Aproximadamente uma vez a cada dois anos, alguma nesga delgada do nosso planeta — quase sempre em algum local desolado e semi-inacessível — é abençoada com um eclipse solar total. Nessas ocasiões, duas vezes no mesmo dia, a noite cai e as estrelas

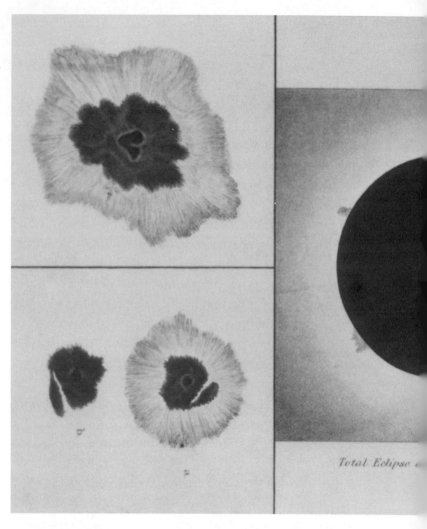

Sir John Herschel (1792-1871) incluiu diversos estudos sobre o Sol neste desenho composto. No canto superior direito, mostra uma mancha solar perto da borda da fotosfera; nos três outros quadros, delineia a estrutura individual das manchas. No centro, retrata a corona do Sol, normalmente invisível, e três protuberâncias que observou durante o eclipse solar total de 7 de julho de 1842.

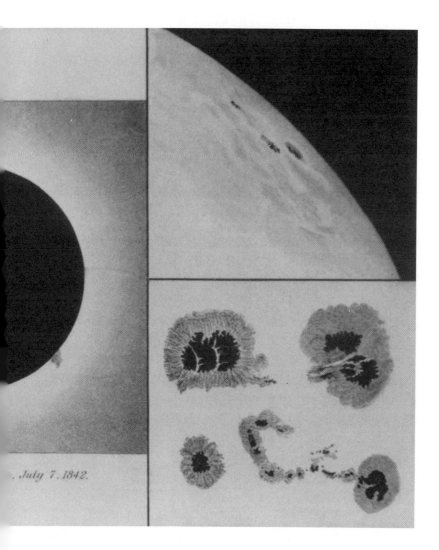

July 7, 1842.

aparecem com o Sol ainda a pino. A temperatura pode despencar de 5 a 8 graus Celsius de uma só tacada, fazendo com que até o mais tarimbado observador sinta a mesma bizarra desorientação das aves e animais, que correm para seus ninhos e tocas diante da inesperada escuridão no meio do dia.

Nenhum eclipse total pode durar muito mais do que sete minutos, devido ao giro persistente da Terra em torno de seu eixo e à marcha resoluta da Lua em sua órbita. Não importa, pois mesmo um instante de totalidade é motivo suficiente para expedições científicas e indivíduos curiosos darem meia volta ao mundo, mesmo que já tenham presenciado um ou mais eclipses antes.

Na totalidade do eclipse, quando a Lua parece uma poça de fuligem que oculta a brilhante esfera solar e o céu escurecido adquire tons crepusculares de azul, a magnífica coroa do Sol, normalmente invisível, dá-se a ver num lampejo. Colunas peroladas e platinadas de gás coronal circundam o Sol desaparecido como uma auréola dentada. Longas faixas vermelhas de hidrogênio eletrificado saltam de trás da Lua enegrecida e dançam sobre a coroa reluzente. Todos esses espetáculos raros e inacreditáveis oferecem-se ao olho nu, já que a totalidade de um eclipse constitui o único momento seguro de olhar para o Sol onipotente sem temor de cegueira como represália.

Momentos depois, a sombra da Lua se afasta e a ordem natural do mundo é restaurada por obra e graça da luz familiar do Sol. Mas visões do eclipse persistem entre os observadores, como se houvessem testemunhado um milagre. Será por acaso que o único planeta habitado do Sistema Solar possui o único satélite precisamente do tamanho certo para criar o espetáculo de um eclipse solar total? Ou será que essa espantosa manifestação do esplendor oculto do Sol é parte do desígnio divino?

Mitologia
Mercúrio

Os planetas falam um antigo dialeto da mitologia. Seus nomes evocam tudo o que aconteceu antes da história, antes da ciência, quando Prometeu permanecia acorrentado naquele penhasco no Cáucaso por ter roubado fogo do céu e Europa não era ainda um continente, mas uma jovem, amada por um deus, que a ludibriou disfarçando-se de touro.

Naqueles dias, lépido e ligeiro como o pensamento, Hermes — ou Mercúrio, como os romanos rebatizaram o deus-mensageiro grego — saía voando em missões divinas que o fizeram merecer mais menções nos anais da mitologia do que qualquer outro habitante do Olimpo. Quando Deméter, a deusa das colheitas, perdeu sua única filha, Perséfone, para o deus do submundo, Mercúrio foi enviado para negociar o resgate da vítima e trouxe-a de volta para casa numa carruagem dourada puxada por cavalos negros. Quando Eros teve seu desejo atendido e Psiquê tornou-se imortal, digna, portanto, de casar-se com ele, foi Mercúrio quem acompanhou a noiva ao palácio dos deuses.

O planeta Mercúrio aparecia aos antigos (e ao nosso olho nu

hoje) apenas no horizonte, onde percorria o limbo crepuscular entre o dia e a noite. O célere Mercúrio anunciava o Sol de madrugada ou o perseguia no arrebol. Outros planetas — Marte, Júpiter, Saturno — podiam ser vistos brilhando a noite inteira, a pino no firmamento, durante meses a fio. Mercúrio, porém, sempre se esgueirava das trevas para a luz, ou vice-versa, esquivando-se de ser visto depois de uma hora. O deus, seu epônimo, era também um mediador que agia no domínio tanto dos vivos como dos mortos, conduzindo as almas dos falecidos até sua morada final no Hades.

Talvez o mito tenha atribuído o nome do deus ao planeta, pois este espelhava os atributos daquele, ou talvez o comportamento observado do planeta tenha engendrado lendas sobre o deus. Seja como for, a união do planeta Mercúrio com o divino Mercúrio — e com Hermes e, anteriormente, com a deidade babilônica Nabu, o Sábio — estava selada no século V a. C.

A imagem que persiste de Mercúrio, esguio e impetuoso como um maratonista, personifica celeridade. As asas em suas sandálias impelem-no para a frente e ele se torna ainda mais veloz com as asas de seu capacete e os poderes mágicos de seu bastão alado. Embora a velocidade esteja no topo da panóplia de seus poderes, Mercúrio também adquiriu fama como matador de gigantes (depois de assassinar Argos, o gigante Cem-Olhos) e como deus da música (inventou a lira, e seu filho, Pã, idealizou a flauta de junco dos pastores), deus do comércio e protetor dos negociantes (pelo que é lembrado em palavras como "mercador" e "mercantil"), dos ladrões e trapaceiros (pois roubou manadas de seu meio-irmão Apolo no primeiro dia de vida), da eloqüência (foi ele quem deu a Pandora o dom da linguagem), e também da astúcia, do conhecimento, da sorte, das estradas, dos viajantes e dos homens jovens em geral e dos boiadeiros em particular. Ao longo dos séculos, o caduceu, seu bastão serpentino, sempre evocou fertilidade, cura ou sabedoria.

Mercúrio e seus companheiros de viagem chamavam a atenção para si por moverem-se entre as estrelas fixas, o que lhes fez merecer o nome *planetai* — "errantes" ou "vagantes", em grego. Seus movimentos ordenados extraíram "cosmos" do "caos" nessa mesma língua e inspiraram um léxico inteiro para descrever as posições planetárias. Assim como os nomes dos deuses ainda estão apegados aos planetas, termos gregos como "apogeu", "perigeu", "excentricidade" e "efemérides" perduram nas discussões astronômicas. Os primeiros observadores a cunhar tais palavras constituem uma verdadeira lista de heróis antigos, desde Tales de Mileto (624-546 a. C.), o primeiro cientista grego, que previu um eclipse solar e indagou-se sobre a substância do universo, a Platão (427-347 a. C.), que vislumbrou os planetas armados em sete esferas de cristal invisível, uma aninhada dentro da outra, girando no interior de uma oitava, a esfera das estrelas fixas, todas centradas numa Terra sólida.* Aristóteles (384-322 a. C.) mais tarde aumentou o número de esferas celestes para 54, tentando dar conta do fato observado de que os planetas se afastam de uma trajetória supostamente circular. E, quando Ptolomeu codificou a astronomia no segundo século da era cristã, as esferas maiores haviam proliferado numa multiplicidade de engenhosos círculos menores, chamados "epiciclos" e "deferentes", necessários para explicar as inegáveis complexidades do movimento planetário.

"Sei que sou mortal por natureza e criatura de um só dia", diz uma epígrafe no começo do grande tratado astronômico de Ptolomeu, o *Almagesto*, "mas, quando perscruto o curso giratório dos corpos celestes, meus pés não mais tocam a Terra: encontro-me na presença do próprio Zeus e sacio-me de ambrosia, o alimento dos deuses."

---

* Os antigos reconheciam sete planetas: Sol, Lua, Mercúrio, Vênus, Marte, Júpiter e Saturno.

Muitas concepções de mundo se unem nessa interpretação intelectual do céu do século XVIII. No centro, o sistema copernicano dominante, com as quatro luas de Júpiter e as cinco de Saturno descobertas até 1684, cingidas pelas constelações zodiacais. O plano ptolomaico, tendo a Terra ao centro, ocupa o canto superior

esquerdo. As figuras nos cantos inferior esquerdo e superior direito mostram a solução conciliatória de Tycho, com a Terra ao centro, imóvel no âmbito da órbita da Lua, e ambas circundadas pelo Sol, em torno do qual orbitam os demais planetas.

No modelo de Ptolomeu, Mercúrio orbita uma Terra estacionária pouco além da esfera da Lua e o ímpeto do movimento vem de uma força divina exterior ao circuito das esferas. Mais de um milênio depois, quando Copérnico reordenou os planetas em 1543, ele argumentou que o poderoso Sol, "como se sentado em trono real", efetivamente "rege a família dos planetas". Sem especificar a força pela qual o astro-rei governa, Copérnico circundou os planetas ao redor do Sol por ordem de velocidade, posicionando Mercúrio mais perto dele por viajar mais depressa.

De fato, a proximidade com o Sol domina todas as condições da existência do planeta — não apenas seu avanço a pleno galope pelo espaço, que é tudo que podemos entrever facilmente da Terra, mas também seu conflito interno, seu calor, seu peso e a história catastrófica que o reduziu a dimensões tão pequenas (apenas um terço do diâmetro da Terra).

A atração de uma estrela tão próxima impulsiona Mercúrio a percorrer sua órbita a uma velocidade média de 48 quilômetros por segundo. Tal rapidez, quase o dobro do ritmo da Terra, faz com que Mercúrio demore apenas 88 dias terrestres para completar sua jornada orbital. No entanto, a mesma gravidade procustiana que acelera a revolução de Mercúrio também freia a rotação do planeta em torno de seu eixo. Como ele avança tão mais depressa do que gira, um ponto qualquer em sua superfície precisa aguardar meio ano mercuriano (cerca de seis semanas terrestres) após o alvorecer para receber a luz plena do meio-dia. O entardecer chega, enfim, no final do ano. E, uma vez iniciada a longa noite do planeta, é preciso aguardar um ano mercuriano inteiro até que o Sol volte a brilhar. Assim, os anos correm num piscar de olhos, mas os dias arrastam-se para sempre.

É provável que Mercúrio tenha girado mais depressa em torno de seu eixo quando o Sistema Solar era jovem. Seus dias talvez durassem então apenas oito horas e o curto ano mercuriano possivelmente continha centenas deles. Contudo, provocados pelo Sol, o fluxo e o refluxo das marés no interior liquefeito do planeta foram pouco a pouco desacelerando sua rotação até o pachorrento ritmo atual.

O dia nasce em Mercúrio num calor infernal. O planeta não tem uma atmosfera mitigadora que desvie os raios de luz matinal numa "aurora de rosáceos dedos", como na canção homérica. O Sol circunvizinho cambaleia pelo céu negro e fica lá, pairando, enorme, com um diâmetro aparente quase três vezes maior do que o orbe familiar que vemos aqui da Terra. Na ausência de uma égide de ar que dissipe e retenha o calor solar, algumas regiões de Mercúrio aquecem-se a ponto de derreter metal à luz do dia e então se regelam a centenas de graus abaixo de zero à noite. Embora Vênus, se considerarmos o planeta como um todo, seja mais quente por causa da grossa manta de gases atmosféricos, e Plutão permaneça mais gélido em sua totalidade devido a sua distância do Sol, temperaturas tão extremas não coexistem em nenhum outro lugar do Sistema Solar.

O contraste dramático entre dia e noite compensa a ausência de alternância entre as estações. Mercúrio não possui estações de verdade, pois gira ereto sobre seu eixo, e não inclinado como a Terra. Luz e calor sempre atingem o equador mercuriano em ângulo reto, enquanto os pólos norte e sul, que não recebem luz solar direta, permanecem relativamente frígidos o tempo todo. Na realidade, é provável que as regiões polares abriguem reservatórios de gelo no interior de crateras, onde a água descarregada por cometas se preservou em meio a sombras perpétuas.

Mercúrio freqüentemente evade-se à observação da Terra ocultando-se na luz ofuscante do Sol. O planeta só se torna aparente à vista normal quando sua órbita o leva bem para leste ou oeste do Sol nos céus da Terra. Em tais "elongações", pode pairar sobre o horizonte durante todo o amanhecer ou o anoitecer inteiro por dias ou semanas a fio. Ainda assim, é difícil vê-lo por ser tão pequeno e tão distante, e porque o céu permanece relativamente claro nessas horas. Mesmo quando Mercúrio se encontra mais próximo da Terra, 80 milhões de quilômetros continuam separando-o de nós — uma distância nada desprezível, se comparada com a distância média da Lua, que é de apenas 400 mil quilômetros. Além disso, a parte iluminada de Mercúrio vai se adelgaçando até tornar-se um mero crescente à medida que o planeta se aproxima da Terra. Somente os mais diligentes observadores logram localizá-lo e, mesmo assim, quando têm sorte. Copérnico, enfrentando não só a natureza reclusa de Mercúrio mas também o clima miserável do norte da Polônia, saiu-se pior que seus antecessores. Como reclamou em *De Revolutionibus*: "Os antigos tinham a vantagem de um céu mais límpido; o Nilo — pelo que dizem — não exala vapores tão densos como os que emanam do Vístula".

Copérnico também queixou-se de que Mercúrio "tem nos torturado com seus muitos enigmas e com o trabalho laborioso que exige para explorarmos suas divagações". Quando alinhou os planetas no universo heliocêntrico da sua imaginação, recorreu a observações feitas por outros astrônomos, tanto antigos como contemporâneos. Entretanto, ao contrário do que Copérnico esperava, nenhum desses indivíduos tinha observado Mercúrio com a freqüência ou precisão necessária para ajudá-lo a estabelecer a órbita do planeta.

O perfeccionista dinamarquês Tycho Brahe, nascido em 1546, apenas três anos após a morte de Copérnico, realizou um grande número de observações de Mercúrio — no mínimo 85 — em seu castelo astronômico na ilha de Hven, onde usava instrumentos que ele próprio criara para calcular as posições de cada planeta em horários demarcados com precisão. Tendo herdado esse tesouro de informações, seu colega alemão Johannes Kepler pôde determinar em 1609 as órbitas corretas de todos os corpos errantes — "até mesmo de Mercúrio".

Mais tarde, ocorreu a Kepler que, embora Mercúrio continuasse esquivo no horizonte, talvez pudesse observá-lo a pino numa daquelas ocasiões especiais, chamadas "trânsitos", em que o planeta passa diretamente em frente ao Sol. Projetando a imagem do Sol através de um telescópio numa folha de papel, onde poderia observá-la com segurança, ele acompanharia a forma escura do planeta à medida que este avançasse de uma extremidade do disco solar à outra ao longo de algumas horas. Em 1629, Kepler chegou a calcular que um "trânsito de Mercúrio" ocorreria em 7 de novembro de 1631, mas faleceu no ano anterior ao do evento. Em Paris, o astrônomo Pierre Gassendi, informado dos cálculos de Kepler, preparou-se para observar o trânsito e irrompeu depois numa profusão de metáforas, repletas de alusões mitológicas, quando o evento transcorreu mais ou menos no horário previsto, em meio a nuvens intermitentes, tendo somente ele por testemunha.

"Esse ladino Cilênio", escreveu Gassendi, designando Mercúrio por um nome derivado da montanha Cilene, na Arcádia, onde o deus nasceu, "lançou uma neblina para encobrir a Terra e então apresentou-se mais cedo e menor do que o esperado a fim de passar sem ser notado ou reconhecido. Porém, acostumado às peças que ele vem pregando desde a infância [referência ao roubo do rebanho guardado por Apolo], Apolo favoreceu-nos e dispôs as coisas de tal modo que, ainda que escapasse de ser detectado ao se aproximar, não partiria inteiramente despercebido. Foi-me concedido cercear um pouco suas sandálias aladas, mesmo enquanto escapuliam. Sou mais afortunado do que muitos desses contempladores de Hermes que buscaram o trânsito em vão, e o encontrei onde ninguém mais o vira até hoje, por assim dizer, 'no trono de Febo, a reluzir com esmeraldas brilhantes.'"[*]

---

[*] Gassendi cita aqui Ovídio, referindo-se ao deus-sol Apolo pela alcunha Febo.

A surpresa de Gassendi diante do advento adiantado de Mercúrio — por volta das nove horas da manhã, não ao meio-dia como fora publicado — em nada denigre Kepler, que precavidamente advertira os astrônomos a começarem a buscar o trânsito na véspera, 6 de novembro, para o caso de ele haver cometido algum erro de cálculo, e, pelo mesmo motivo, a prolongarem a vigília até o dia 8 se nada acontecesse no dia anterior. Contudo, o comentário de Gassendi sobre o tamanho diminuto de Mercúrio foi bastante surpreendente. Em seu relato oficial, diz-se estupefato com a pequenez do planeta e explica que a princípio descartara o acanhado ponto preto como uma mancha solar, embora tenha logo percebido que ele se movia depressa demais para ser outra coisa que não o mensageiro alado em pessoa. Gassendi esperava que seu diâmetro fosse um quinto do do Sol, conforme estimara Ptolomeu 1500 anos antes. Mas o trânsito revelara que ele era uma fração desse tamanho — menos de um centésimo da largura aparente do Sol. Com ajuda do telescópio, Gassendi avistara a silhueta de Mercúrio contra o Sol e, com isso, expungira do planeta o fulgor indistinto, porém engrandecedor, que este costumava exibir no horizonte.

Ao longo das décadas subseqüentes, dispositivos mais precisos de mensuração acoplados a telescópios aperfeiçoados contribuíram para que os astrônomos reduzissem Mercúrio a dimensões mais próximas do tamanho que conhecemos hoje, 4,9 mil quilômetros de diâmetro, ou menos de $1/300$ do diâmetro real do Sol.

No final do século XVII, as atrações místicas e magnéticas entre o Sol e os planetas foram substituídas pela força da gravidade, introduzida por sir Isaac Newton em 1687 em seu livro *Principia Mathematica*. O cálculo, desenvolvido por Newton, e a lei universal da gravitação pareciam dar aos astrônomos controle sobre os céus. A posição de qualquer corpo celeste podia agora ser computada corretamente para qualquer hora de qualquer dia e, se os movimentos observados diferissem dos movimentos previstos, então os céus poderiam ser coagidos a apresentar um novo planeta que explicasse a discrepância. Foi assim que Netuno veio a ser "descoberto" com papel e lápis em 1845, um ano antes de alguém localizar o astro distante através de um telescópio. O mesmo astrônomo que previu com êxito a presença de Netuno nas franjas externas do Sistema Solar voltaria sua atenção para mais perto, para Mercúrio. Em setembro de 1859, Urbain J. J. Leverrier, do Observatório de Paris, anunciou com certo alarme que o periélio da órbita do planeta vinha se deslocando, ainda que ligeiramente, ao longo do tempo, em vez de retornar ao mesmo ponto em cada órbita, como determinava a mecânica newtoniana. Leverrier suspeitava que a causa da atração fosse um outro planeta, ou mesmo uma profusão de pequenos corpos interpostos entre Mercúrio e o Sol. Recorrendo mais uma vez à mitologia em busca de um nome apropriado, batizou esse mundo invisível e hipotético de Vulcano, em homenagem ao deus do fogo e da forja.

Embora o imortal Vulcano tenha nascido aleijado e claudicasse ao caminhar, Leverrier insistiu que o planeta Vulcano percorreria sua órbita com velocidade quatro vezes maior que a de Mercúrio e transitaria em frente ao Sol no mínimo duas vezes por ano. Porém todas as tentativas de observar esses supostos trânsitos falharam.

Pouco depois, os astrônomos tentaram encontrar Vulcano nas cercanias do Sol observando o céu diurno obscurecido durante o eclipse solar total de julho de 1860 e, novamente, no eclipse de agosto de 1869. Bastante ceticismo já se acumulara então, após dez anos infrutíferos de caça, para que o astrônomo americano Christian Peters escarnecesse: "Não vou me dar ao trabalho de procurar os pássaros míticos de Leverrier".

"Mercúrio era o deus dos ladrões", gracejou o observador francês Camille Flammarion. "Seu comparsa, ainda que nada subtraia, parece escapulir como um assassino anônimo." Não obstante, a busca por Vulcano continuou até a virada do século, e alguns astrônomos ainda se indagavam sobre seu paradeiro em 1915, ano em que Albert Einstein afirmou à Academia Prussiana de Ciências que a mecânica de Newton deixava de atuar onde a gravidade exercesse máxima força. Na vizinhança imediata do Sol, explicou, o próprio espaço era deformado por um intenso campo gravitacional e, em decorrência disso, toda vez que Mercúrio se aventurava por lá acabava acelerando mais do que o permitido por Newton.

"Você pode imaginar minha alegria", perguntou Einstein a um colega numa carta, "que as equações do periélio de Mercúrio se provaram corretas? Fiquei atônito, sem fala por vários dias, tamanha minha empolgação."

Vulcano despencou do céu como Ícaro após o pronunciamento de Einstein, enquanto Mercúrio celebrizava-se, adquirindo nova fama pelo papel que desempenhara em promover nosso entendimento cósmico.

Mas o planeta continuava frustrando observadores que queriam conhecer a sua aparência. Certo astrônomo alemão postulou que uma densa camada de nuvens velava por inteiro a sua superfície. Na Itália, Giovanni Schiaparelli, de Milão, decidiu rastrear o planeta a pino, em plena luz do dia, apesar do brilho do Sol, na esperança de obter uma visão mais clara de sua superfície. Apontando o telescópio para cima no céu do meio-dia, em vez de horizontalmente ao anoitecer ou amanhecer, Schiaparelli evitou o ar turbulento do horizonte terrestre e pôde manter Mercúrio em vista por horas seguidas. A partir de 1881, abstendo-se de café e uísque para que não lhe turvassem a visão, e abjurando o tabaco pelo mesmo motivo, observou o planeta no alto em todas as suas elongações. Contudo, a palidez de Mercúrio diante do céu diurno prejudicou seus esforços para discernir características superficiais. Após oito anos dedicados a essa tarefa hercúlea, Schiaparelli conseguiu relatar apenas "veios extremamente tênues, os quais só podem ser distinguidos com o máximo esforço e atenção". Ele chegou a traçar alguns esboços desses veios, incluindo um com o formato do número cinco, num tosco mapa de Mercúrio que publicou em 1889.

Um mapa mais detalhado surgiria em 1934, desenhado como a culminação de uma década de estudos por Eugène Antoniadi, do Observatório Meudon, perto de Paris. Como ele próprio admitiu, Antoniadi enxergou pouco mais do que Schiaparelli; porém, sendo um excelente desenhista e tendo um telescópio mais potente a seu dispor, delineou os sulcos fugazes com melhor sombreamento, batizando-os com associações clássicas a Mercúrio: Cilene (a montanha natal do deus), Apolônia (em referência a seu meio-irmão), Caduceata (alusão ao caduceu, seu bastão mágico) e Solitudo Hermae Trismegisti — o ermo de Hermes Três Vezes Grande. Embora essas sugestões tenham desaparecido dos mapas modernos, duas escarpas proeminentes descobertas em Mercúrio por fotografias de satélites são hoje chamadas "Schiaparelli" e "Antoniadi".

Devido à persistência das características que ambos discerniram no decorrer de longas horas de observação, Schiaparelli e Antoniadi imaginaram que só avistássemos uma das faces do pequeno planeta. Presumiram que o Sol o agrilhoara numa situação que inundava um de seus hemisférios com calor e luz, enquanto o outro permanecia em permanente escuridão. Muitos de seus contemporâneos e a maioria de seus seguidores até meados dos anos 1960 acreditavam igualmente que Mercúrio mantinha um "dia" perpétuo de um lado e uma "noite" eterna do outro. Entretanto, é mediante outra fórmula que o Sol constrange a rotação e a revolução de Mercúrio: o planeta gira em torno de seu eixo uma vez a cada 58,6 dias — um ritmo de tal forma encadeado com o seu período orbital [87,9 dias] que ele completa exatamente três voltas em torno de si a cada duas jornadas em torno do Sol.

A relação 3:2 afeta os observadores na Terra ao oferecer-lhes a mesma face de Mercúrio repetidamente por seis ou sete aparições seguidas. De fato, Schiaparelli e Antoniadi contemplaram a mesma face imutável de Mercúrio ao longo de seus estudos e devem ser perdoados por chegarem à conclusão errada sobre a sua rotação, pois o comportamento do planeta induziu-os justificadamente ao erro.

Mercúrio permaneceu um alvo difícil durante todo o século xx e essa situação perdura até hoje. Mesmo com o telescópio espacial Hubble, em órbita acima da atmosfera terrestre, tem se evitado observar Mercúrio por temor de apontar a delicada aparelhagem óptica tão perto do Sol. Só uma espaçonave ousou arrostar o calor e a radiação hostis do ambiente espacial próximo a Mercúrio.

A *Mariner 10*, emissária da Terra a Mercúrio, sobrevoou o planeta duas vezes em 1974 e uma vez mais em 1975. Transmitiu milhares de imagens e medidas de uma paisagem repleta de crateras, desde pequenas concavidades até grandes bacias. Rastros claros ou escuros de detritos marcam os lugares onde novas colisões reviraram os escombros de choques antigos. A lava que escorreu entre as cicatrizes dos impactos aplanou algumas das depressões, mas, no geral, o pobre e golpeado Mercúrio preserva um registro claro de uma época, encerrada há quase 4 bilhões de anos, em que os fragmentos remanescentes da criação do Sistema Solar ameaçavam os planetas novedios.

O mais violento ataque a Mercúrio infligiu-lhe uma ferida de 1,3 mil quilômetros de largura, conhecida como bacia Caloris ("Bacia do Calor"). As montanhas de quase dois quilômetros de altura nas bordas de Caloris devem ter surgido em decorrência da estrondosa explosão de impacto que escavou a bacia. Por todo o entorno, há outros sinais de perturbação nas arestas e no terreno irregular que se estende por centenas de quilômetros. A colisão em Caloris também lançou ondas de choque ao interior denso e metálico do planeta, provocando terremotos que levantaram e retalharam a crosta do lado oposto desse mundo.

Fotomontagens da *Mariner 10*, que capturaram menos da metade da superfície de Mercúrio, revelaram uma rede de escarpas e linhas de falhas que indicam que o planeta inteiro deve ter encolhido e que suas dimensões primordiais seriam bem maiores. Quando o interior de Mercúrio se contraiu, a crosta inteira reajustou-se para se adequar a um mundo tornado subitamente menor — como um truque furtivo do deus Mercúrio disfarçando-se a si mesmo.

Após um hiato de trinta anos na exploração do planeta, uma nova missão chamada Messenger* está no momento a caminho do planeta. Lançada em agosto de 2004, mas incapaz de voar tão rápido ou diretamente quanto seu homônimo, a nave só chegará às proximidades de Mercúrio em janeiro de 2008. Ao avistar o planeta pela primeira vez, a *Messenger* dará início a um detalhado mapeamento que exigirá três sobrevôos do planeta nos três anos seguintes, enquanto orbita o Sol protegida por um pára-sol feito de tela de cerâmica. Então, em março de 2011, a *Messenger* entrará em órbita em torno de Mercúrio, numa odisséia de um ano (em tempo terrestre) para monitorar o planeta durante dois de seus longos dias. Circundando Mercúrio em alta velocidade a cada doze horas, a *Messenger* atuará como um novo oráculo, transmitindo respostas a perguntas feitas por sôfregos buscadores da verdade na Terra.

---

* Acrônimo de Mercury Surface, Space Environment, Geochemistry and Ranging [Sobrevôo exploratório da superfície, ambiente espacial e geoquímica de Mercúrio].

Beleza

Vênus

Pois sopra uma brisa matinal,
E o planeta do Amor, a pino,
Começa a esvaecer na luz que ama,
Num leito celeste de narcisos,
A esvaecer na luz do sol que ama,
A esvaecer em sua luz, e morrer. *

Alfred Tennyson, "Maud"

Ora "estrela matutina", ora "estrela vespertina", o fulgente paramento do planeta Vênus é um prelúdio ao Sol nascente ou um posfácio do pôr-do-sol.

Durante meses seguidos, Vênus arqueará sobre o horizonte leste antes do amanhecer e lá permanecerá após o dia raiar, o

---

* "For a breeze of morning moves,/And the planet of Love is on high,/ Beginning to faint in the light that she loves/ On a bed of daffodil sky,/ To faint in the light of the sun she loves,/ To faint in his light, and to die." (N. T.)

último luzeiro da noite a se apagar. Suas aparições matinais iniciam-se perto do Sol, tanto no tempo como no espaço, de modo que o planeta surge num céu que está alumiando. Mas, à medida que decorrem os dias e as noites, desponta cada vez mais cedo e embrenha-se cada vez mais para longe do Sol, até que nasce quando a aurora é ainda uma idéia distante. Por fim, como se um cordame houvesse esticado ao máximo, atende ao apelo do astro-rei e vai nascendo um pouco mais tarde a cada noite, até retornar às raias do dia. Vênus então desaparece por completo durante o tempo que leva para passar por detrás do Sol.

Depois de cinqüenta dias, em média, reaparece do outro lado do Sol, no céu da sobretarde, e por vários meses será saudado como estrela vespertina. Tremeluzindo, despontará a nossos olhos enquanto o Sol se põe, permanecendo solitário no lusco-fusco do anoitecer. Os primeiros poentes agora encontram o planeta no horizonte ocidental, banhado por matizes avermelhados, até que, por fim, Vênus começa a surgir já bem alto no céu, onde domina a caída da noite. Quem saberá quantos desejos de infância são prodigalizados nesse planeta enquanto as trevas que se avolumam não revelaram ainda as estrelas?

Tu, anjo vespertino de belos cabelos,
Agora, enquanto o sol descansa em meio às montanhas, acende
Tua brilhante tocha de amor; põe tua radiante
Coroa, e sorri para nosso leito noturno!
Sorri para nossos afetos, e, enquanto levantas as
Cortinas azuis do firmamento, espalha teu orvalho prateado
Em cada flor que fecha seus doces olhos
Para o sono, em tempo certo. Deixa o vento oeste adormecer sobre

A lagoa; fala silêncios com teus olhos ardentes,
E lava o crepúsculo com prata.*

William Blake, "À estrela vespertina"

Noite fechada, Vênus ainda brilha mais que qualquer outro astro, exceto quando a Lua intervém para superá-lo. A Lua aparece-nos maior e mais brilhante por estar cerca de cem vezes mais próxima, embora Vênus seja, de longe, maior e mais belo. Seu manto nebuloso branco-amarelado reflete a luz com muito mais eficácia que a superfície parda e poeirenta da Lua. Quase 80% da luz solar derramada sobre Vênus simplesmente rebate do topo das nuvens e é espargida de volta para o espaço (a Lua, em contraste, devolve apenas 8%). O extraordinário brilho de Vênus ganha lustro por sua proximidade com a Terra. Vênus chega a 38 milhões de quilômetros em sua passagem mais rente por nós — mais perto do que qualquer outro planeta. (Marte, o segundo vizinho mais próximo, sempre fica no mínimo a 56 milhões de quilômetros de distância.) Mesmo quando Vênus e a Terra se afastam ao máximo, quando estão apartados por mais de 240 milhões de quilômetros, Vênus preserva um brilho superlativo para os observadores terrestres. Na escala de "magnitude aparente" que os astrônomos usam para comparar o brilho relativo dos corpos celestes, Vênus excede de longe as estrelas mais luminosas.**

---

* "Thou fair-haired angel of the evening,/ Now, whilst the sun rests on the mountains, light/ Thy bright torch of love; thy radiant crown/ Put on, and smile upon our evening bed!/ Smile on our loves, and, while thou drawest the/ Blue curtains of the sky, scatter thy silver dew/ On every flower that shuts its sweet eyes/ In timely sleep. Let thy west wind sleep on/ The lake; speak silence with thy glimmering eyes,/ And wash the dusk with silver." (N. T.)
** As mais pálidas estrelas visíveis a olho nu são as de sexta magnitude. As de primeira magnitude são cem vezes mais brilhantes, e as mais fulgurantes de todas

Galileu Galilei (1564-1642), cujo telescópio lhe permitiu descobrir as fases de Vênus, retratou-as assim.

Que forte fascínio atrai, qual espírito guia,
A ti, Vésper! alumiando-se ainda,
Como se o mais perto que chegas da morada humana
Mais amado se torna teu lustro
noite após noite?*
William Wordsworth, "Ao planeta Vênus"

Quanto mais Vênus se aproxima da Terra, mais brilhante nos aparece, como é natural. Entretanto, à medida que sua luminescência aumenta, seu globo efetivamente diminui, pois, como a Lua, Vênus tem fases e parece mudar de forma ao percorrer sua órbita: de cheio, vai diminuindo até tornar-se um fino crescente. Ao contrário

---

têm magnitude zero, ou até mesmo -1. O brilho de Vênus atinge -4,6, o da Lua cheia, 12 e o do Sol, 27.

* "What strong allurement draws, what spirit guides,/ Thee, Vesper! brightening still, as if the nearer/ Thou com'st to man's abode the spot grew dearer/ Night after night?" (N. T.)

da Lua, porém, apenas um sexto do disco visível do planeta permanece iluminado quando o seu aspecto é mais vívido para nós. Como nesse momento Vênus se encontra na posição mais próxima da Terra, essa pequenina lasca crescente vale por muitas e faz com que o brilho percebido aumente enquanto o planeta se adelgaça e esvai.

Se observarmos Vênus por telescópio ou binóculos todas as noites ao longo de um período de vários meses, veremos claramente que ele adquire altitude e brilho à medida que seu disco encolhe — e vice-versa. Contudo, pouco além disso nos é revelado, pois nenhuma das características superficiais de Vênus pode ser discernida visualmente devido à sua cobertura de nuvens. Assim, as mesmas nuvens que explicam a garrida visibilidade do planeta também atuam para velá-lo.

Quem souber exatamente onde olhar conseguirá, às vezes, identificar a luz firme e branca de Vênus contra o fundo azul-claro de um dia límpido. Napoleão teria avistado Vênus nessas condições enquanto discursava da varanda do palácio de Luxemburgo ao meio-dia e interpretou essa aparição diurna como uma promessa (vindouramente cumprida) de vitória na Itália.

Em noites sem luar, quando Vênus está próximo, sua luz forte lança reflexos suaves e inesperados sobre paredes ou pisos claros. Essas vagas silhuetas de seu vulto, que se furtam a ser percebidas diretamente por nossa visão suscetível a cores, muitas vezes deixam-se transparecer a um olhar de viés, que privilegia a acuidade em branco-e-preto da visão periférica. Porém, não importa quão avidamente busquemos os reflexos esquivos de Vênus desviando os olhos para baixo ou para os lados, nada garante que nossa busca não será em vão. Enquanto isso, acima de nós, como se nos escarnecesse, o clarão cintilante do planeta arremeda o farol de pouso de um avião a caminho do aeroporto ou provoca ocorrências policiais envolvendo objetos voadores não identificados.

Parei para saudar-te por essa estrela
Cuja beleza auferes de onde estás.

Vê-la assim, a única a brilhar
Na luz do ocaso, imaginarias que é o sol
Que não baixou como deveria baixar,
E bem no céu se encolhe lentamente
Pequena agora como se já desaparecera
Mas ainda lá, a observar a escuridão que chega —
Como um morto a quem se consentiu existir
O bastante para saber se sua falta era sentida.
Não vi o sol se pôr. Ele se pôs?
Pode alguém jurar que não?... *

Robert Frost, "O agricultor letrado e o planeta Vênus"

Lendas antigas celebraram a beleza do planeta Vênus declarando-o não apenas divino, mas feminil — talvez porque suas visitas geralmente duram significativos nove meses. Embora orbite o Sol em apenas 224 dias terrestres, o movimento orbital da Terra interfere no comportamento observado de Vênus. Visto da Terra em movimento, ele permanece em média 260 dias como estrela matutina ou vespertina, o que coincide com o período de gestação humana, entre 255 e 266 dias.

Os caldeus chamavam o planeta de Ishtar, a deusa do amor que ascende aos céus, enquanto para os sumérios semitas Vênus

---

* "I stopped to compliment you on this star/ You get the beauty of from where you are./ To see it so, the bright and only one/ In sunset light, you'd think it was the sun/ That hadn't sunk the way it should have sunk,/ But right in heaven was slowly being shrunk/ So small as to be virtually gone,/ Yet there to watch the darkness coming on —/ Like someone dead permitted to exit/ Enough to see if he was greatly missed./ I didn't see the sun set. Did it set?/ Will anybody swear that isn't it?...?" (N. T.)

era Inanna, "a Dama das Defesas do Céu". Seu nome persa, Anahita, associava-o à fecundidade. A natureza dual (auroreal e crepuscular) de Vênus projeta-o para seus admiradores ora como virgem, ora como vamp.

Ishtar metamorfoseou-se em Afrodite, a encarnação grega do amor e da beleza, que se tornou Vênus para os romanos e foi reverenciada pelo historiador Plínio por disseminar o orvalho vital que excitava a sexualidade das criaturas terrestres. Na China, Vênus amalgamou o masculino e o feminino num casal: Tai-po, a estrela vespertina, o marido, e Nu Chien, sua esposa, a estrela matutina.

Somente os maias e os astecas da América Central parecem ter considerado Vênus estritamente masculino, o irmão gêmeo do Sol. A associação rítmica entre Vênus e o Sol inspirou, nessas culturas, meticulosas observações astronômicas e complexos cálculos de calendários, além de rituais sangrentos em agradecimento à descida do planeta até o submundo e sua subseqüente ressurreição.

Na América do Norte, entre os pawnee do grupo skidi, a veneração de Vênus envolvia sacrifício humano para assegurar o seu retorno. A última adolescente que sabidamente morreu em tais devoções foi raptada e assassinada numa cerimônia em 22 de abril de 1838.

Como símbolo de beleza, Vênus está presente em três pinturas de Vincent van Gogh. *Noite estrelada*, de junho de 1889, talvez o quadro mais conhecido, retrata Vênus como um orbe brilhante e baixo no firmamento, a oeste do vilarejo de Saint-Rémy, pintado quando a demência do artista o confinara no asilo que lá funcionava. Historiadores da arte e astrônomos identificaram inequivocamente Vênus em *Estrada com cipreste e estrela*, que Van Gogh completou em meados de maio de 1890, um dia antes de deixar Saint-Rémy. Algumas semanas depois, em Auvers-sur-Oise, perto de Paris, onde criou oitenta obras nos dois meses que antecederam seu suicídio, ele retratou Vênus pela última vez, dentro de uma auréola cintilante, pairando sobre a chaminé do oeste em *Casa branca à noite.*

Vênus viaja... mas minha voz vacila;
Rimas rudes afrontam-lhe a beleza,
Cujos seios e tez, e doçura do hálito
*Maravilham os mundos.**

C. S. Lewis, "Os planetas"

Se existem dois mundos que clamam por comparação são os planetas gêmeos Terra e Vênus, por serem os mais parecidos em tamanho e orbitarem o Sol a distâncias similares. As primeiras descobertas sobre Vênus feitas de longe — em especial, a detecção de sua atmosfera pelo astrônomo e poeta russo Mikhail Lomonosov em 1761 — insuflaram em toda parte fantasias de um mundo frondoso e vicejante com vida semelhante à terrestre.

Estudos recentes, no entanto, têm apenas exposto contrastes gritantes entre os dois planetas. Embora seja provável que em uma época anterior Vênus possuísse muitos dos mesmos atributos da Terra, incluindo mares outrora abundantes, toda a água que lá porventura existiu há muito já ferveu e evaporou. Hoje Vênus assa e se resseca sob um céu obscurante que bloqueia a luz mas aprisiona calor, e exerce intensa pressão sobre sua superfície.

As dez espaçonaves russas *Venera* e *Vega* que conseguiram pousar em Vênus entre 1970 e 1984 mal tiveram tempo de tirar algumas fotografias, fazer algumas medições e vasculhar rapidamente os arredores antes de sucumbirem às condições severas do local. Uma

---

* "Venus voyages... but my voice falters;/ Rude rime-making wrongs her beauty,/ Whose breasts and brow, and her breath's sweetness/ Bewitch the worlds." (N. T.)

hora e pouco depois de chegarem, os veículos derretiam devido ao calor ou eram esmagados por uma pressão atmosférica comparável à existente na água novecentos metros abaixo do nível do mar.

A descoberta das drásticas diferenças entre a Terra e Vênus provocou certo assombro, às vezes expresso em termos morais, como se um dos gêmeos houvesse seguido o caminho certo e o outro se desencaminhasse no erro. Seja como for, Vênus, o irmão mais renitente, deixa uma importante lição de advertência para nós, humanos negligentes, pois o seu ambiente hostil prova como até pequenos efeitos atmosféricos podem conspirar ao longo do tempo para transformar um paraíso terreno num caldeirão infernal. Na verdade, grande parte dos estudos atuais sobre Vênus visa salvar a humanidade dela mesma ao confirmar, por exemplo, os danos que os compostos de cloro causam às nuvens de alta altitude.

És, pois, um mundo como o nosso,
Arrojado do orbe que, qual seixo fundido,
Lançou o nosso de sua região?
Como hão de as areias escaldantes absorver
As ígneas ondas do orbe candente,
Teus liames tão curtos, teu curso tão próximo
Tuas criaturas que pugnam chamas e auscultam
Os torvelinhos da fotosfera!*
        Oliver Wendell Holmes, "O flâneur"**

---

* "And art thou, then, a world like ours,/ Flung from the orb that whirled our own/ A molten pebble from its zone?/ How must the burning sands absorb/ The fire-waves of the blazing orb,/ Thy chain so short, thy path so near/ Thy flame-defying creatures hear/ The maelstroms of the photosphere!" (N. T.)

** Holmes era médico e professor de anatomia em Harvard, além de poeta, ensaísta, romancista e astrônomo amador. Ele escreveu este poema depois de observar um trânsito de Vênus em 6 de dezembro de 1882.

As diferenças entre a Terra e Vênus certamente começaram na juventude dos dois planetas. O Sol aqueceu mais aquele que estava mais próximo, a tal ponto que as águas de Vênus vaporizaram e o vapor d'água e o bafo quente das erupções vulcânicas envolveram todo o planeta. Esses gases exerceram então o mesmo papel do vidro numa estufa, permitindo que o calor solar chegasse à superfície de Vênus, mas impedindo-o de escapar. Em vez de dissipar-se no espaço, o calor repercutiu de volta à superfície, que foi se aquecendo algumas centenas de graus a mais.

Bem acima de Vênus, a luz do Sol decompôs o vapor d'água em seus componentes, hidrogênio e oxigênio. O primeiro, mais leve, escapou da atração do planeta, mas o oxigênio ficou para trás e combinou-se com as rochas da superfície e com gases lançados por vulcões, criando uma atmosfera que consiste quase inteiramente (97%) de dióxido de carbono, o mais eficiente e pernicioso de todos os gases do efeito estufa. Hoje, embora apenas um pequeno filete de energia solar penetre a cobertura de nuvens de Vênus e chegue à superfície, o efeito estufa mantém a temperatura acima de 430 graus Celsius em todo o planeta — no hemisfério noturno, no hemisfério diurno e até nos pólos. Gelo em Vênus? Água líquida? Impossível, embora vestígios de vapor d'água polvilhem o céu.

O dióxido de carbono abundante recai sobre o terreno quente de Vênus com pressão noventa vezes maior que a da atmosfera da Terra. Na superfície, e logo acima dela, onde os robôs exploradores russos conduziram rápidas investigações, o ar venusiano é espesso, mas transparente, o que permitiu que as câmeras da espaçonave enxergassem claramente o horizonte a despeito da baixa luminosidade — ainda que apenas em matizes escarlates, pois somente os comprimentos de onda vermelhos conseguem perpassar o dossel de nuvens. É por isso que a paisagem venusiana se apresenta em tons monocromáticos de sépia, como fotografias antigas. Quando a noite extingue até essa luz precária, o cenário todo reluz no escuro e as rochas ardentes, já a meio caminho do ponto de fusão, aquecidas ao rubro pelo calor e pressão ambientes, lembram brasas numa fogueira.

Cerca de trinta quilômetros acima da superfície começam as nuvens, em camadas de 25 quilômetros de espessura, sem uma única brecha em sua cobertura, impedindo o Sol de mostrar-se durante todo o curso do longo dia venusiano. O planeta gira tão devagar que um único dia demora dois meses terrestres para avançar da alvorada ao ocaso. Sinais difusos de luz solar disseminam-se lentamente de horizonte a horizonte com o passar das horas, mas mesmo os horários mais fúlgidos do dia têm a mesma luminosidade do sol-posto. À noite, luz de nenhuma estrela, de nenhum outro planeta, penetra a perpétua cúpula de nuvens.

As nuvens venusianas são compostas de pequenas e grandes gotas do mais legítimo vitríolo — ácido sulfúrico e compostos cáusticos de cloro e flúor. Precipitam-se numa constante chuva ácida, chamada virga, que evapora no ar quente e árido de Vênus antes mesmo de atingir o solo.

Os cientistas suspeitam que, a cada centena de milhares de anos, as nuvens possivelmente se refaçam com uma injeção fresca de enxofre proveniente das convulsões tectônicas globais do planeta. Excetuando isso, porém, é provável que jamais se abram.

Na camada superior, as nuvens venusianas configuram-se em remoinhos sombrios quando vistas sob luz ultravioleta, em padrões mutantes que revelam a alta velocidade com que se movem, cerca de 350 quilômetros por hora, circulando o planeta inteiro a cada quatro dias terrestres na forma de devastadores vendavais. Um pouco mais abaixo na atmosfera, os ventos se amainam gradualmente até que, na superfície, rastejando de três a seis quilômetros por hora, quase deixam de soprar.

Lentos ou céleres, os ventos sempre sopram para o oeste, a mesma direção da rotação do planeta. Ao contrário de todos os outros planetas, Vênus gira de leste para oeste, ainda que se mova junto com eles para o leste em torno do Sol. Se víssemos o Sol nascer em Vênus, ele surgiria no ocidente e se poria no oriente. Os astrônomos atribuem o giro invertido a alguma colisão violenta que emborcou o planeta no início de sua história. O mesmo suposto impacto explicaria a sua lentíssima rotação, embora também seja possível que o Sol impeça o planeta de girar elevando as marés no vasto oceano de ar venusiano.

Bem ao fundo desse
albedo libidinoso
as temperaturas são altas o bastante
para derreter chumbo,
pressões
noventa vezes mais inclementes
que as da Terra.
E embora as camadas de nuvens
e os estratos de névoas
pareçam respirar
como um fole gigante,
arfando e suspirando
a cada quatro dias
o casulo venéreo
não é uma crisálida festiva
formando uma libélula
ou coagindo vida
em uma larva reticente,
mas uma atmosfera ofegante
com quarenta milhas de espessura
de ácidos sulfúrico, clorídrico

e fluorídrico
tudo exsudando

como um terrário global
*implacável, amargo e misantrópico.**

Diane Ackerman, "Vênus"

Depois de ocultar-se por uma eternidade sob essa atmosfera ebuliente, a superfície de Vênus rendeu-se ao escrutínio por radar dos telescópios terrestres e de uma série de espaçonaves orbitantes. A mais notável dessas emissárias, *Magellan*, circunavegou Vênus oito vezes por dia por quatro anos a partir de 1990.** A *Magellan* decifrou a face indistinta do planeta em características nítidas, a maioria das quais são vulcões, de todos os tipos, em planícies recobertas de lava.

A súbita identificação de milhões de formações no solo de Vênus provocou uma crise de nomenclatura. A União Astronômica Internacional decidiu adotar um sistema de nomeação usando apenas nomes femininos que evocassem deusas ou gigantas de qualquer cultura ou época, além de heroínas reais ou inventadas. Assim, os planaltos venusianos, equivalentes aos continentes terrestres, rece-

---

* "Deep within that/ libidinous albedo/ temperatures are hot enough/ to boil lead,/ pressures/ 90 times more unyielding/ that Earth's./ And though layered clouddecks/ and haze strata/ seem to breathe/ like a giant bellows,/ heaving and sighing/ every 4 days/ the he Venerean cocoon/ is no cheery chrysalis/ brewing a damselfly/ or coaxing life/ into a reticent grub/ but a sniffling atmosphere/ 40 miles thick/ of sulphuric, hydrochloric,/ and hydrofluoric acids/ all sweating/ like a global terrarium, cutthroat, tart, and self-absorbed." (N. T.)

** O nome do satélite é uma homenagem ao explorador Fernão de Magalhães, que planejou a primeira circunavegação da Terra e partiu da Espanha com cinco navios em 1519. Embora tenha falecido durante a viagem numa batalha nas Filipinas, uma das embarcações e alguns poucos tripulantes completaram a missão, retornando à Espanha em 1522.

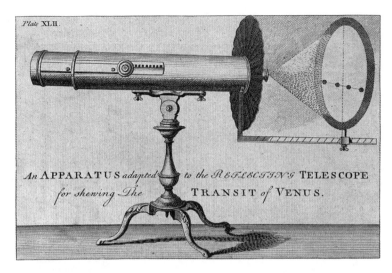

Jeremiah Horrocks (1618-41) foi a primeira pessoa a observar um trânsito de Vênus, em 4 de dezembro de 1639. Ele utilizou um pequeno telescópio em sua casa em Hoole, ao norte de Liverpool, e mediu o diâmetro do planeta quando este passou diante do Sol.

beram nomes de deusas do amor — Afrodite Terra, Ishtar Terra, Lada Terra — e suas centenas de morros e vales foram batizados com nomes de deusas marinhas e da fertilidade. As grandes crateras celebram mulheres notáveis (como a astrônoma americana Maria Mitchell, que em 1882 fotografou o trânsito de Vênus do observatório do Vassar College), enquanto crateras pequenas receberam o nome de meninas. As escarpas venusianas aclamam sete deusas vestais; os pequenos montes, deusas do mar; as arestas, deusas do céu — e assim por diante, passando pelas planícies com nomes extraídos da mitologia e das lendas, como Helena e Guinevere, até os cânions batizados com nomes de deusas lunares e caçadoras.

O único nome masculino no mapa de Vênus — a grande cadeia de montanhas Maxwell Montes — homenageia o físico escocês James Clerk Maxwell, que realizou trabalhos pioneiros sobre radiação eletromagnética no século XIX. Quando esses picos de oito quilômetros de altura foram detectados na década de 1960 ao se estudar imagens de radar obtidas aqui da Terra, algo que só foi possível graças às descobertas de Maxwell, pareceu apropriado atribuir o seu nome a eles. Durante as décadas subseqüentes, Maxwell Montes foi a única característica eponímica do planeta, já que as regiões baixas de ambos os lados dessas montanhas eram designadas simplesmente Alfa Regio e Beta Regio (região "A" e região "B"). Quando a *Magellan* chegou trinta anos depois e suas descobertas deram origem a nomes provenientes da história das mulheres, ninguém quis desapossar Maxwell de seu legítimo lugar em Vênus.

Sim, os rostos na multidão,

E os ecos despertados, espreitam

Das montanhas, com pétreo semblante,

E as luzes dançando na água —

Todos enlevando meus sentidos errantes

Recontam-me meus pensamentos em voz alta,

Realçam todas as alegrias da Verdade

*E esmagam tudo que me torna orgulhoso.**

James Clerk Maxwell, "Cogitações reflexas: reflexões de várias superfícies"**

As fotos de radar da *Magellan* parecem imagens aerofotogramétricas noturnas, só que, em vez de fornecerem um registro

---

* "Yes, the faces of the crowd,/ And the wakened echoes, glancing/ From the mountains, rocky browed,/ And the lights in water dancing —/ Each my wandering sense entrancing,/ Tells me back my thoughts aloud,/ All the joys of Truth enhancing/ Crushing all that makes me proud." (N. T.)

** O físico compunha poemas nas horas vagas e chegou a publicar 43 deles.

visual, os brancos e pretos refletem as diversas texturas da beleza revelada do planeta: centenas de milhares de pequenos vulcões pipocam como saliências claras (ásperas) contra o fundo escuro (liso) das planícies; nos flancos dos vulcões gigantes, camadas claras (novas) de lava recobrem fluxos escuros (antigos); e as encostas de montanhas que reluzem com brilho radárico parecem ostentar vertentes folheadas de metal refletivo, talvez pirita, o "ouro dos tolos", que adere às rochas venusianas nas temperaturas mais amenas centenas de metros acima.

Gravadas como água-forte nessas imagens, algumas bizarrias de Vênus vieram à tona: os "vulcões-panqueca" sobrepostos, que emergem de bases surpreendentemente redondas e culminam em ápices chatos ou topos suaves; ou as numerosas "coronas", anéis concêntricos que rodeiam e ornam tantos de seus domos, depressões e acervos de pequenos vulcões; ou ainda os longos canais fluviais que serpenteiam por amplas planícies, escavados por correntes caudalosas de lava. Nos planaltos elevados, dobras e falhas tectônicas decoraram milhares de quilômetros quadrados de terreno, como se houvessem sido ladrilhados por algum doidivanas (um padrão que hoje chamamos "téssera"). Desenhos na lava extrudada e no chão rachado de Vênus que evocaram nos cientistas imagens de anêmonas-do-mar e teias de aranha se tornaram "vulcões anemônicos" e "aracnóides".

Após compilarem uma galeria de retratos obtidos por radar, os especialistas em Vênus realçaram muitas dessas imagens com cores, melhorando-lhes a resolução. Escolheram uma paleta de fogo e enxofre, começando com o castanho-avermelhado das primeiras fotos tiradas pela espaçonave russa *Venera* e completando a gama com tons de ocre, ferrugem, cobre, abóbora e ouro. Essas cores vibrantes combinam bem com a paisagem chamuscada do planeta — as rochas lançadas feito lava que ainda retêm uma consistência semiplástica, as cordilheiras que ascendem às alturas sem nunca endurecerem mais do que balas puxa-puxa. Sombras brilhantes condizem com a aparência juvenil de um planeta que só recentemente (nos últimos 500 milhões de anos) foi recoberto por verdadeiras enchentes de lava, que encobriram ou taparam praticamente todos os vestígios (cerca de 85%) de seu passado remoto.

Relativamente poucas crateras maculam a face recente de Vênus, pois a taxa de criação de crateras dos últimos 500 mil anos é muito inferior à dos primórdios do Sistema Solar. Muitos intrusos potenciais são vaporizados ao atravessarem a espessa atmosfera e nunca atingem o solo, de modo que só os objetos impactantes mais volumosos chegam intactos à superfície. Essas colisões ejetam copiosos destroços, mas todo o entulho adere às margens da cratera como grinaldas presas pelo próprio peso do ar. Do mesmo modo, a atmosfera talvez tenha aplacado a fúria dos vulcões venusianos, compelindo a lava expelida a exsudar-se e derramar-se em vez de irromper com força explosiva.

Embora a *Magellan* não tenha testemunhado nenhuma erupção durante os anos em que observou Vênus, nada impede que alguns de seus vulcões estejam ativos. Neste exato momento, os gases sulfurosos que sibilam pelas fumarolas venusianas podem estar subindo até as nuvens que pairam sobre o planeta, aumentando-as e amparando-as nas alturas, para assegurar que o brilho dele perdure a nossos olhos. O belo semblante de incontestável pureza fez de Vênus outrora a musa dos poetas, cujos versos ainda melhor expressam seu efeito sobre o azul aveludado da noite — "uma alegria para sempre", como disse Keats, "uma luz ridente/ para nossas almas". Mas as novas odes a Vênus, inspiradas agora por impressões bem informadas de sua beleza selvagem, terão de usar versos bárbaros para descrevê-la e talvez abdicar das rimas.

Geografia
Terra

Para desenhar um mapa do mundo, comece pelo centro do universo. É por aqui que o astrônomo Ptolomeu retoma seu projeto geográfico no século II. Tendo já compilado o seu famoso livro de astronomia, o *Almagesto*, no ano 150, ele se volta agora ao problema de ordenar as 8 mil localidades conhecidas da Terra nas posições relativas apropriadas. Mas não pode começar a mapear o solo antes de dominar o céu, pois requer que o Sol e as estrelas guiem o posicionamento de cada característica terrestre. Ptolomeu sabe que sem astronomia não pode haver geografia.

Idealmente, Ptolomeu deseja determinar em que direção a sua sombra se inclina ao meio-dia em certos dias do ano em capitais distantes, verificar quais constelações aparecem lá à noite em cada estação e observar se os planetas passam diretamente acima ou se ascendem apenas parcialmente no céu. Infelizmente, ele não pode aventurar-se tão longe. Embora as esferas celestes mostrem cotidianamente o giro do Sol, da Lua, dos planetas e das mil estrelas a seus olhos, os confins da Terra furtam-se a ele.

Plantado em seu cavalete em Alexandria, Ptolomeu explora o

mundo através das obras de cartógrafos anteriores — muitas vezes descuidados — e de relatos loquazes de viajantes. Assim, por exemplo, ouve a distância entre a Líbia e o país "onde rinocerontes se congregam" ser descrita por oficiais do exército romano como uma marcha forçada de três — ou quatro — meses, sem nenhuma referência ao número de dias de descanso ao longo do trajeto ou sequer à direção precisa seguida.

Se ao menos aqueles favorecidos com oportunidades de viajar levassem em consideração os marcos astronômicos, lamenta-se Ptolomeu na *Geographia*, seu manual prático para cartógrafos. Os eclipses lunares, diz ele, que podem ocorrer com a freqüência de até uma vez a cada seis meses, fornecem um meio de posicionar toda uma série de localidades a leste ou oeste uma da outra de uma tacada só. Infelizmente, como ele mesmo observa, essa dádiva potencial à cartografia foi ignorada nos últimos quinhentos anos — desde o eclipse lunar de 20 de setembro de 331 a. C., quando Alexandre, o Grande, enfrentou Dário da Pérsia no campo de batalha. Observadores acompanharam esse memorável eclipse sobre Cartago na segunda hora da noite e, mais a leste, na metrópole assíria de Arbela, na quinta hora — fatos que levam Ptolomeu a estabelecer (corretamente) a distância entre as duas cidades como 45 graus de longitude.*

Para medir as latitudes ao norte e ao sul do equador, Ptolomeu conta as estrelas — aquelas que nascem e se põem sobre determinada região em horas diferentes ao longo do curso de um ano, aquelas que não nascem nem se põem, mas sempre aparecem ao escurecer, e aquelas que nunca chegam a ser vistas, embora possam ser bem conhecidas em outro lugar. Na ilha de Tule (uma das ilhas

---

* Como o Sol parece circundar os 360 graus da esfera da Terra uma vez a cada 24 horas, Ptolomeu calcula a diferença de cada hora dividindo 360 por 24, ou seja, 15 graus de longitude.

Shetland), por exemplo, localizada bem ao norte, no paralelo 63, onde o dia mais longo do ano dura vinte horas, não há como observar o retorno da estrela Sírio no meio do verão, marcando o início das inundações do Nilo no Egito.

Ptolomeu supõe que a circunferência do mundo tem 29 mil quilômetros. Em 240 a. C., seu predecessor, Eratóstenes, chegara a mais generosos 40 mil quilômetros comparando o comprimento de sombras em duas cidades ao longo do Nilo no dia do solstício de verão, mas Ptolomeu dá preferência ao cômputo mais recente de Poseidônio, em cerca de 100 a. C., que observou as estrelas para encolher o globo.

A *Geographia* de Ptolomeu oferece instruções para criar não só mapas de projeção plana, mas também globos. Entretanto, o "mundo conhecido", como Ptolomeu o designa — ou "mundo habitado" ou "mundo do nosso tempo" —, ocupa apenas metade de um hemisfério: das "Ilhas dos Abençoados" [Cabo Verde] na costa ocidental da África a oeste, passando pela "Índia Além do Ganges", até chegar a "Será", no final da Rota da Seda, e, ao sul das "terras dos desconhecidos citas", perto do Báltico, à junção do Nilo Azul com o Nilo Branco. Para além dessas fronteiras conhecidas, a descrição que Ptolomeu faz da baixa África é fértil em espaços vazios à medida que se aproxima do equador e, na altura do Trópico de Capricórnio, espraia-se num vago território desconhecido que se estende para baixo e para os lados até o limite meridional do mapa, onde volta a encontrar-se com a China na margem oriental extrema do oceano Índico. É um mundo cercado de terra, onde todos os mares e baías estão rodeados por impérios e satrapias, pois nenhuma das fontes de Ptolomeu se aventurou longe o bastante numa embarcação para perceber a verdadeira extensão das águas.

"Em todos os assuntos em que não chegamos a um estado de pleno conhecimento", escreve Ptolomeu na *Geographia*, "seja por

No universo ptolomaico do século II, a Terra se aninha no interior de esferas celestes que portam os planetas e as estrelas fixas.

sua vastidão, seja por não permanecerem constantes, a passagem do tempo sempre possibilita investigações muito mais acuradas, e esse é também o caso da cartografia do mundo."

O transcurso de mil anos muda a forma do mapa do mundo, da visão ptolomaica para um círculo com Jerusalém ao centro. Os céus impõem agora um novo foco geográfico, orientando peregrinos e cruzados para a Terra Santa. Embora Ptolomeu tenha orientado seu globo com o norte em cima, o novo mundo, conforme interpretado pela Igreja Católica, deu um quarto de volta no sentido anti-horário, deixando o leste na parte superior. Essa imagem bastante difundida, o *mappa mundi* medieval, é dividida em três partes desiguais, uma para cada um dos filhos de Noé: a Ásia ocupa a metade superior, enquanto a Europa e a África são colocadas lado a lado embaixo. As fronteiras das três terras sugerem um "T" inscrito dentro de um "O", pois a extensão debaixo da Ásia bissecta o círculo ao longo do seu diâmetro, e a fronteira Europa—África divide o hemisfério inferior em dois. Na junção dessas duas pinceladas está Jerusalém.

Em vez de lugares ordenados por latitude e longitude, o *mappa mundi* oferece um panorama global ao qual são sobrepostos pequenos nacos sortidos de conhecimento acerca deste mundo e do próximo. O exemplar instalado por volta de 1300 na catedral Hereford, na Inglaterra, situa os portões do Paraíso, a torre de Babel, o ponto de atracação da Arca de Noé na Armênia e o local onde a esposa de Lot foi transformada em pilastra de sal. Localiza quarenta animais míticos e reais perto de seus habitats naturais, os quais descreve com legendas instrutivas, incluindo o centauro, a sereia, o unicórnio, as "formigas gigantes" que "guardam areias douradas" e o lince que "urina pedras pretas e enxerga através das paredes". Ainda mais estranhas são as cinqüenta raças humanas "monstruosas" — os arimaspi, que "lutam contra os grifos por esmeraldas", ou os blemmiae, desprovidos de cabeças e com olhos e boca no peito. Poucos desses estrangeiros exibem virtudes cristãs, ou mesmo humanas, e somente os corcina, da Ásia, nos fazem recordar as antigas lições de geografia de Ptolomeu, pois diz-se que suas sombras "caem para o norte no inverno, para o sul no verão", o que significa que habitam os trópicos.

Um único hemisfério continua sendo suficiente para abrigar toda a população mundial do *mappa mundi*. Em torno da sua circunferência, um grande oceano costeia as terras visíveis e, presumivelmente, dá uma volta completa por trás. O *mappa mundi* pode parecer um disco chato desenhado em velino, mas representa um globo. O grande desafio de Cristóvão Colombo não será convencer seus críticos de que a Terra é redonda, e sim de que é menor do que eles imaginam.

Colombo aferra-se à crença ptolomaica de um mundo cuja circunferência mede apenas 29 mil quilômetros, embora saiba que os navegadores portugueses estimam-na em no mínimo 38 mil. Ao contestá-los, Colombo está apostando que é capaz de cruzar as águas desconhecidas antes que sua tripulação morra de fome ou sede.

Oficialmente, como admite em seu diário de bordo, Colombo encabeça uma missão religiosa, "em nome de nosso Senhor, Jesus Cristo", tendo sido enviado pelos "mais cristãos, exaltados, excelentes e poderosos príncipes", o rei e a rainha da Espanha, "para os territórios da Índia, a fim de conhecer seus príncipes, seus povos e suas terras, e aprender sobre sua disposição, e tudo o mais, e quais as medidas que poderiam ser tomadas para convertê-los a nossa santa fé".

Dada sua experiência anterior no mar e seu interesse por geografia, Colombo jura tirar o máximo proveito de sua situação privilegiada:

Proponho elaborar uma nova carta de navegação, na qual anotarei todos os mares e terras do mar oceano, com sua localização e coordenadas corretas. Além disso, compilarei um livro e mapearei tudo por latitude e longitude. Mormente, será apropriado que eu esqueça de dormir e dedique grande atenção à navegação para realizar esse feito.

Ao mesmo tempo, Colombo precisa mitigar os temores de mais de noventa marujos e oficiais que o acompanham nas três embarcações.

"Hoje perdemos a terra firme inteiramente de vista", relata ele em 9 de setembro de 1492, um domingo,

e não poucos homens suspiraram e choraram, pois temem que muito tempo passará até que a vejam novamente. Consolei-os com lautas promessas de terras e riquezas. Para manter sua esperança e dissipar os temores de uma longa viagem, decidi calcular menos léguas do que deveras percorremos. Fiz isso para que não pensem estar tão distantes da Espanha quanto realmente estão. Mas manterei cálculos precisos confidenciais para meu uso.

Quando Colombo se aproxima de terra firme no Caribe, nada do que descobre nessas ilhas dispersa a idéia fixa de que chegou à Índia:

"As matas e vegetação são verdes como as da Andaluzia em abril e o canto dos passarinhos é tal que um homem desejaria jamais partir", escreve em 21 de outubro.

Os bandos de papagaios que escondem o sol e as aves grandes e pequenas de um número indizível de espécies são tão diferentes das nossas que me parecem um prodígio. Há ainda mil variedades de árvores, todas com frutos de acordo com sua espécie, e todas exalam fragrâncias maravilhosas. Sou o mais triste dos homens por não saber que tipos de coisas são essas, pois tenho certeza de que são valiosas. Hei de levar uma amostra de tudo o que puder.

Colombo, por certo, não é nenhum naturalista, mas ele cita repetidamente os papagaios. As aves verdes e roxas, identificadas no *mappa mundi* como produtos da Índia, testificam que ele de fato chegou a algum lugar próximo de seu destino pretendido. A "terra firme" que os nativos dizem estar situada a uns dez dias de viagem não pode ser senão a Índia. E a ilha que chamam de Cuba, conclui Colombo em 27 de outubro, um dia antes de lá desembarcar, deve ser apenas "o nome índio para Japão".

Ao escolher nomes para lugares, Colombo honra o seu Salvador e seus soberanos: San Salvador, Santa María de la Concepción, Ferdinandina, Isabela. Tangendo aqui e ali as ilhas do arquipélago, é impedido de fazer um tour completo pela região devido ao encalhamento de um navio e a uma tentativa de motim em outro.

No caminho de volta para a glória, uma tempestade de fevereiro sopra do mar com força demoníaca. Colombo, temendo que as águas o traguem antes de declarar suas descobertas à Coroa, decide desenhar sua carta. Envolvendo o pergaminho em tecido oleado, lacra o pano dentro de um barril e lança o barril ao mar. Assim, caso venha a perecer, quem quer que encontre sua mensagem poderá informar aos soberanos que "nosso Senhor concedeu-me vitória em tudo o que desejei acerca das Índias".

Mas, em vez disso, é o mapa que desaparece na tempestade. Seu confeccionador sobrevive para comandar três outras viagens para o oeste na qualidade de "almirante-maior do mar oceano e vice-rei das Índias". Ao longo de todas essas explorações, Colombo nunca admite que não tenha encontrado um atalho para o Oriente. Somente após sua morte, enquanto seus restos zanzam de um lado para outro do Atlântico para serem sepultados uma segunda e até uma terceira vez, é que a magnitude de sua descoberta divide o globo em um Velho Mundo e um Novo Mundo.

Pouco a pouco, os contornos do litoral distante vão tomando forma. A região designada "Florida" parece pendente, desligada de tudo, flutuando como um manto sobre Hispaniola (Haiti e República Dominicana), até que, por fim, fica claro que os confins floridenses estão conectados a uma massa terrestre maior. "América" aparece pela primeira vez num grande novo mapa do mundo em 1507. O território é batizado com o nome de um visitante assíduo, Américo Vespúcio, mercador e navegador italiano. Vespúcio navega para o oeste com portugueses e com espanhóis, alheio à rivalidade entre ambos, e proclama com destemor que, na realidade, suas concessões dispersas fazem parte de um legítimo continente, distinto da Ásia.

A princípio, o primeiro nome de Vespúcio só se aplica à metade meridional do Novo Mundo, mas acaba abrangendo a parte norte também, à medida que exploradores de países concorrentes avançam para ver o que fica além.

O trono espanhol conquista uma grande vitória quando, em setembro de 1513, Vasco Núñez de Balboa cai de joelhos num cume descalvado do Panamá, enlevado e estarrecido com o primeiro vislumbre do oceano Pacífico. Ele demora vários dias para descer do acampamento, atravessar a floresta e chegar à praia, onde entra na água para batizá-la. Com a espada desembainhada e o escudo em riste, Balboa grita o nome da Espanha sobre aquele mar e todas as terras por ele banhadas, como se já soubesse que ele cobre metade do mundo.

Em 1520, Fernão de Magalhães aventura-se no Pacífico com cinco navios espanhóis e avalia suas dimensões a duras penas:

"Ficamos três meses e vinte dias sem obter nenhum tipo de alimento fresco", escreve sobre a travessia o navegador italiano da expedição, Antonio Pigafetta.

Comíamos biscoitos, que já não eram mais biscoitos, mas apenas farinha de biscoito fervilhando com vermes, que haviam devorado a maior parte, e que fedia fortemente a urina de rato. Bebíamos uma água amarelada que se tornara pútrida havia muitos dias. Também comemos as tiras de couro de boi que guarneciam o topo da verga principal para impedir que esfolasse as enxárcias, mas que haviam se tornado excepcionalmente duros por causa do sol, da chuva e do vento. Mergulhamos essas tiras em água do mar por quatro ou cinco dias, depois as colocamos sobre brasas por alguns instantes e em seguida as devoramos. Muitas vezes comíamos a serragem das tábuas. Os ratos eram vendidos por meio ducado cada um e mesmo assim não conseguíamos nenhum.

No auge da era das explorações, em 1543, um clérigo polonês publica um livro que conduz o mundo inteiro a um novo patamar. *De Revolutionibus,* de Nicolau Copérnico, arranca a Terra de seu posto estacionário no centro das esferas celestes e coloca-a para girar em torno do Sol, entre as órbitas de Vênus e Marte. A estranheza e impopularidade desse ponto de vista quase subjugam-no ao silêncio, mas cem anos depois, contrariando todas as expectativas, o Sol assume o centro do universo e reconhece-se que o nosso mundo percorre o espaço como uma estrela errante.

Será que esse novo planeta não merece um nome? Se Champlain pôde dar nome ao seu lago e Hudson batizar a sua baía, por que o nosso globo, subitamente percebido como móvel, tem de arcar com um termo velho e impreciso? "Terra" lembra a antiga divisão de toda matéria comum em quatro substâncias — terra, água, ar, fogo — e a sua condição de mais pesado e menos celestial desses elementos. De acordo com essa concepção, a água flui sobre a terra, o ar flui sobre ambos e o fogo ergue-se pelo ar até o limiar das esferas celestes, onde os planetas e as estrelas compõem um quinto elemento — a quintessência. Agora que a nova ordem mundial vai mudando os mapas dos céus, não deveria a "terra"

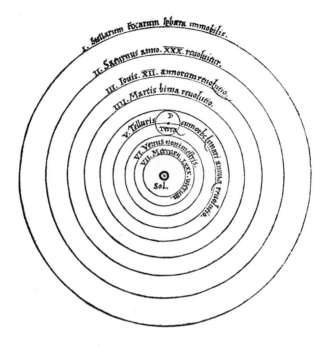

Em seu livro De Revolutionibus, Nicolau Copérnico (1473-1543) transformou a Terra num planeta que orbita o Sol.

assumir um nome apropriado da mitologia? Mas já é tarde demais para desalojar o nome antigo, tarde demais até para mudá-lo de "terra" para "água", por exemplo, agora que se sabe que os mares escancaram-se em todas as direções.

Os desenhistas de mapas ornam os espaços vazios do oceano com navios, baleias e monstros marinhos, com querubins bochechudos que sopram ventanias, e também com títulos e legendas emoldurados em requintadas cártulas que chegam a ser tão grandes quanto alguns países.

Pelo menos uma rosa-dos-ventos, muitas vezes desenhada com folhas de ouro, anileiras e cochonilhas, agora orienta cada mapa, com suas 32 pétalas decoradas apontando em todas as direções possíveis para ventos ou embarcações. A rosa consuma todas as abreviações usadas em diários de bordo para a trajetória em ziguezague de uma exploração — ENE, SSW, NW— e reflete a aparência da bússola, que determina tais notações.

A bússola magnética, indispensável para marinheiros no mínimo desde o século XIII, ajuda-os a localizar Alrucabá, a estrela polar, mesmo quando nuvens a ocultam, mesmo quando seu navio navegou tanto para o sul que esse ponto luminoso de orientação mergulhou abaixo do horizonte.

Muitos acreditam que a agulha da bússola seja atraída pela estrela polar, ou mesmo por algum ponto celestial invisível próximo a ela. Mas, não, a própria Terra é o ímã que atrai todas as agulhas de bússolas para seu cerne de ferro. William Gilbert, um médico inglês, descobre essa verdade empiricamente em 1600 e demonstra o efeito para a rainha Elizabeth usando um pequeno ímã esférico no lugar da Terra. Gilbert aproveita também para zombar da proibição universal contra levar alho a bordo, mostrando que nem os vapores do alho nem mesmo alho esfregado na agulha da bússola conseguem reduzir seu poder magnético.

A natureza magnética da Terra leva Gilbert e outros a suspeitar que o magnetismo seja a força que mantém os planetas em suas órbitas. Embora a gravitação universal de Newton triunfe sobre o magnetismo interplanetário de Gilbert em 1687, a Terra magnética continua promissora para a navegação. Porém, ainda que a agulha de uma bússola aponte geralmente para o norte, ela aponta um pouquinho para o leste do norte numa parte do mundo e um pouquinho para o oeste do norte em outra. Colombo percebeu essa variação em suas viagens pelo mundo e temeu que o instrumento o estivesse engodando. No século XVII, contudo, a experiência acumulada já sugere que esse fenômeno pode ser bem aproveitado: se o grau de "variação" da bússola puder ser medido

Edmond Halley (1656-1742) percorreu todo o oceano Atlântico para testar a variação magnética da Terra e em 1701 publicou este mapa com suas descobertas.

de lugar em lugar, o problema da total ausência de marcos visíveis no oceano será resolvido por meio de zonas magnéticas, que permitam aos marinheiros determinar seu paradeiro mesmo depois de semanas ou meses no mar. Tal possibilidade leva ao lançamento da primeira viagem marítima puramente científica, sob o comando de Edmond Halley, o único astrônomo real a assumir o posto de capitão na Marinha Real.

Entre 1698 e 1700, Halley lidera duas expedições que cruzam o oceano Atlântico e chegam aos limites norte e sul, até serem impedidas de prosseguir por icebergs na neblina. Em uma ocasião perto do litoral africano e de novo nas proximidades da Terra Nova, o *Paramore*, a embarcação de casco chato especialmente projetada por Halley, é alvejado por "fogo amigo" de mercadores ingleses e pescadores coloniais que a tomam por um navio pirata.

No mapa em cores que Halley publica em 1701, o oceano está preenchido com linhas curvas de diversos comprimentos e larguras que descrevem os graus de variação magnética para leste e oeste. Os continentes banhados pelo Atlântico servem apenas para ancorar essas linhas sobremaneira importantes e para abrigar as cártulas, cujas palmeiras, musas e nativos nus foram desalojados das águas ocupadas para as terras vazias.

Halley conclui com honestidade que as variações magnéticas não serão de grande valia para os marinheiros como meio de determinar longitudes. Além disso, prevê que as linhas que desenhou tão cuidadosamente irão se deslocar com o tempo devido a movimentos nas profundezas da Terra. Com presciência, concebe o interior do planeta em camadas alternadas de material sólido e fundido que controlam seu comportamento magnético.

Nesse ínterim, seu mapa de variações magnéticas, embora tenha sido uma decepção para ele e para seus companheiros de mar, promove uma revolução na cartografia. As linhas curvas que ligam pontos de mesmo valor (as quais, por cem anos, serão chamadas linhas de Halley) acrescentam uma terceira dimensão aos mapas impressos. Outros mapas confeccionados por Halley — das estrelas do hemisfério sul, dos ventos alísios, da trajetória prevista do eclipse solar de 1715 — também adquirem notoriedade por suas inovações. Da sua parte, Halley mapearia o Sistema Solar inteiro se ao menos pudesse avaliar a distância entre a Terra e o Sol.*

Halley discerne uma maneira de efetuar essa medição fundamental na ocasião especial de um trânsito de Vênus: ao observar e cronometrar o evento de lugares muitos distantes no globo, os cientistas poderiam fazer a triangulação do céu, calculando assim a distância da Terra a Vênus, e em seguida deduzir a distância da Terra ao Sol. Halley prevê dois trânsitos, para 1761 e 1769, mas teria de viver até os 105 anos se quisesse ver mesmo o primeiro, pois, embora Vênus passe entre o Sol e a Terra cinco vezes a cada oito anos, sua órbita inclinada geralmente coloca-o acima ou abaixo do Sol (da nossa perspectiva). Para vermos Vênus atravessando a face do Sol, o planeta precisa cruzar o plano da órbita da Terra no máximo dois dias depois de a Terra cruzar o seu plano orbital. Esses requisitos severos permitem dois trânsitos seguidos num período de oito anos, mas impedem que isso aconteça mais de uma vez a cada século.

"Exorto com veemência aqueles que vasculham diligentemente os céus (para os quais, ao findarem meus dias, essas cenas estão reservadas) a guardarem em mente minha injunção", escreve Halley em 1716 sobre os trânsitos vindouros de Vênus, "e a se dedicarem com pujança e aplicação à realização das observações necessárias."

Quando chega a época do primeiro trânsito, em junho de 1761, os seguidores de Halley se deparam com toda espécie de desastre — exércitos hostis, monções, disenteria, inundações, frio rigoroso — nos principais pontos de observação na África, Índia, Rússia, Canadá e em diversas cidades européias. Nuvens frustram a maioria das expedições, e os resultados inconclusivos dos astrô-

---

* A terceira lei dos movimentos planetários de Kepler, publicada em 1609, expressava apenas as distâncias relativas entre os planetas com base no período da revolução de cada um. Nenhuma distância efetiva havia sido ainda calculada.

nomos só fazem aumentar as expectativas em relação à oportunidade seguinte, em 1769, quando 151 observadores oficiais são enviados a 77 localidades ao redor do mundo.

Cada grupo é incumbido de cronometrar os quatro momentos cruciais do trânsito, chamados "contatos", quando as orlas de Vênus e do Sol se tocam. O primeiro ocorre quando Vênus parece se afixar do lado de fora do perímetro do Sol. O segundo ocorre logo em seguida, quando Vênus é inteiramente abraçado pelo Sol, mas o terceiro contato, do outro lado do disco solar, levará algumas horas para acontecer. No quarto contato, Vênus já deixou o corpo do Sol e os dois astros estão prestes a se separar.

A responsabilidade pelas importantíssimas observações da Royal Society na ilha Rei George III (Taiti) cabe ao tenente James Cook. Ele deixa a Inglaterra um ano antes, em agosto de 1768, para chegar a tempo de efetuar os preparativos, que incluem a construção de um observatório seguro, o forte Vênus.

Sábado, 3 de junho [de 1769]. Este dia mostrou-se tão favorável a nossos propósitos quanto poderíamos desejar, sem uma nuvem à vista durante o dia inteiro e com o ar perfeitamente límpido, de modo que tudo estava a nosso favor para observarmos a passagem completa do planeta Vênus sobre o disco solar. Porém, avistamos distintamente uma atmosfera ou sombra escura em torno do corpo do planeta, o que perturbou sobremaneira a observação dos momentos de contato — em particular, dos dois internos. O dr. Solander observou os contatos, bem como o sr. Green e eu mesmo, e diferimos uns dos outros quanto aos momentos de cada contato muito mais do que seria de esperar. O telescópio do sr. Green e o meu tinham o mesmo poder de ampliação, mas o do doutor era mais potente.

Embora por culpa de ninguém, astrônomos em toda parte encontram as mesmas dificuldades que o pessoal de Cook em determinar os momentos exatos de Vênus entrar e sair do disco solar. As limitações até dos melhores aparelhos ópticos distorcem os resultados de todos e a comunidade astronômica internacional tem de contentar-se com uma mera aproximação da distância entre a Terra e o Sol — entre 148 e 154 milhões de quilômetros.

Cook então volta sua atenção de Vênus para a segunda parte, secreta, de suas instruções — uma investida pelos mares gelados até encontrar a grande *Terra Incognita* meridional. Não tendo sucesso nessa empreitada, volta para casa, mas logo organiza uma segunda tentativa de descoberta em 1772. Ao longo de três anos gelados, Cook, agora capitão, torna-se hábil em girar seu navio freqüentemente contra o vento para retirar neve das velas.

Segunda-feira, 6 de fevereiro [de 1775]. Continuamos a navegar para o sul e se até o meio-dia, quando nossa latitude era 58° 15' S e nossa longitude 21° 34' W, e não avistávamos terra nem sinal de terra. Concluí que o que havíamos visto e que eu batizara de Sandwich Land era um grupo de ilhas & cia. ou então um ponto do continente, pois acredito firmemente que existe uma extensão de terra perto do pólo, que é a fonte da maior parte do gelo que se espalha por este vasto oceano meridional. [...] Quero dizer terra de extensão considerável. [...] No entanto, é verdade que a maior parte deste continente meridional (supondo que ele exista) deve situar-se dentro do círculo polar, onde o mar é tão cheio de gelo que a terra se torna inacessível por ali.

O cálculo de latitude e longitude feito por Cook supera em precisão os de todos aqueles que o antecederam em tais empreendimentos. Acompanhando o movimento da Lua em relação às estrelas — um método que Halley ajudara a desenvolver — e com a ajuda de um novo cronômetro mantido em sincronia com o relógio mestre do Observatório de Greenwich, Cook sabe exatamente onde está. Seus mapas revelam a outros o caminho da baía do Sucesso, na Terra do Fogo, onde obtém madeira e água, até a baía Botânica, na Austrália, que ele nomeou pela abundância de novas espécies de plantas, e a baía da Pobreza, na Nova Zelândia, onde não encontrou "nem uma das coisas que desejávamos".

Navios carregados com instrumentos de levantamento topográfico — navios que não só cruzam oceanos, mas também podem navegar perto do litoral e entrar pela foz dos rios — começam agora a reexaminar o Novo Mundo com renovada precisão. Essa é a missão do *H. M. S. Beagle* em 1831, cujo capitão leva a bordo 22 dos melhores cronômetros disponíveis — peças como as elogiadas por Cook em sua segunda viagem. Embarcando para um levantamento detalhado da América do Sul e pretendendo retornar à Inglaterra por uma longa rota que passava pelas Índias Orientais, o capitão Robert FitzRoy busca um cavalheiro que possa acompanhá-lo, que compartilhe seus interesses por geologia e história natural e que não precise ser remunerado. Charles Darwin, um jovem recém-formado de 22 anos, sem saber ao certo qual é a sua vocação na vida, resolve alistar-se.

O *Beagle* tortura Darwin com enjôos. Embora esteja livre para legalmente abandonar o navio em qualquer porto, ele cumpre sua obrigação até o final da viagem, que dura cinco anos. Darwin enfrenta a situação permanecendo o máximo de tempo possível ocupado em terra firme, enquanto FitzRoy costeia a Argentina, o Chile e as ilhas Falkland e Galápagos, confeccionando mapas.

"Permaneci dez semanas em Maldonado, durante as quais consegui obter uma coleção quase perfeita de animais, aves e répteis", escreve Darwin no verão de 1832.

Farei um relato de uma pequena excursão que empreendi até o rio Polanco, cerca de 110 quilômetros para o norte. Posso mencionar, provando como tudo é barato neste país, que paguei apenas dois dólares por dia, ou oito xelins, pelos serviços de dois homens e de uma tropilha de uma dúzia de cavalos de montaria. Meus companheiros estavam bem armados com pistolas e sabres, precaução que considerei um tanto desnecessária, mas a primeira notícia que ouvimos foi que, na véspera, um viajante de Monte Video fora encontrado morto na estrada, com a garganta cortada. Isso aconteceu perto de uma cruz, marco de um assassinato anterior.

Apesar dos perigos das guerras locais, Darwin ainda prefere a terra ao mar:

11 de agosto [de 1883]. O sr. Harris, um inglês que reside em Patagones, um guia e cinco gaúchos, que se dirigiam ao exército a negócios, foram meus companheiros na viagem. [...] Pouco depois de passarmos pela primeira fonte, avistamos uma árvore famosa, que os índios reverenciam como o altar de Walleechu. [...] Cerca de duas léguas depois dessa curiosa árvore, paramos para pernoitar; nesse momento, uma vaca infeliz foi avistada pelos gaúchos, que pareciam ter olhos de lince e saíram em perseguição. Alguns minutos depois, a vaca era trazida arrastada pelo *lazo* e abatida. Tínhamos agora as quatro necessidades da vida *en el campo* — pasto para os cavalos, água (ainda que apenas uma poça lamacenta), carne e lenha. Os gaúchos estavam bem felizes por disporem de todos esses artigos de luxo e logo nos pusemos a preparar a pobre vaca. Foi a primeira noite que passei ao relento, usando os acessórios do *recado* [sela] como leito. Há um grande prazer no estilo independente de vida dos gaúchos — a liberdade de, a qualquer momento,

estacar o cavalo e dizer: "Passaremos a noite aqui". A quietude sepulcral da planície, os cães de guarda, o grupo de gaúchos nômades se preparando para deitar ao redor da fogueira, deixaram em minha mente um retrato bem nítido dessa primeira noite, que demorará a ser esquecida.

Haverá ainda bastante tempo, depois de Darwin voltar para a Inglaterra, para ele se casar, colocar os interesses dos filhos à frente dos seus e vagar em círculos durante anos de pensamentos privados, enquanto as peles de aves e outras lembranças trazidas das ilhas Galápagos o ajudam a desvendar o segredo da diversidade da vida.

Por ora, caçando fósseis, "geologizando", galgando os Andes, ele reflete sobre as forças capazes de erguer essas montanhas gigantescas ao longo dos séculos ou triturá-las em cascalho ou estremecê-las.

20 de fevereiro [de 1835]. O dia foi memorável [aqui] em [...] Valdívia, pelo mais severo terremoto já vivenciado pelo habitante mais antigo. Eu estava por acaso perto da costa e deitara-me no mato para descansar. Foi tudo muito súbito e durou apenas dois minutos, mas pareceu muito mais longo. O estremecimento do chão foi o que mais senti. Para meu companheiro e eu, as ondulações pareciam vir do leste; para outros, porém, procederam do sudoeste, o que mostra como é difícil em todos os casos perceber a direção de tais vibrações. Não tivemos dificuldade para ficar em pé, embora a agitação tenha me deixado meio atordoado. Parecia o balançar de uma embarcação em águas encrespadas.

Na verdade, os próprios continentes estão viajando. Viajam como passageiros a bordo de grandes lajes em constante movimento na crosta terrestre. Em 1912, o geólogo alemão Alfred Wegener esclarece que a costa leste da América do Sul complementa a borda oeste da África porque os dois continentes já foram peças do mesmo quebra-cabeças. Outrora, em épocas pré-históricas, ficavam ombro a ombro, parte de uma única massa terrestre que Wegener chama Pangéia ("Toda a terra"), rodeada pelas águas de Pantalassa ("Todos os mares"), antes que forças geológicas os separassem.

O Velho Mundo e o Novo Mundo continuam se afastando um do outro ao longo de uma fenda que não pára de crescer no meio do Atlântico, onde material fundido verte do interior da Terra e se deposita no fundo do oceano, criando um novo chão. Enquanto o Atlântico se expande, o Pacífico encolhe. Sob as costas inquietas do Peru, Chile, Japão e Filipinas, o velho e frio chão mergulha de volta para as entranhas infernais da Terra, acompanhado de terremotos e vulcões e, às vezes, tsunamis catastróficos.

O fundo do oceano é constantemente reciclado e nenhuma parte dele tem mais de 200 milhões de anos. Os continentes, por sua vez, permanecem acima da linha-d'água século após século e, embora sofram erosão, continuam intactos após 4 bilhões de anos. Em vez de submergirem uns debaixo dos outros quando o estresse de contato deforma-lhes a crosta, os continentes se amarfanham. Os montes Apalaches são testemunhas de uma antiga colisão entre a África e a América do Norte, enquanto a pressão contínua sob o Himalaia faz com que, ainda hoje, sua altitude aumente.

Explorações modernas conduzidas por submarinos e espaçonaves revelam a verdadeira rede apocalíptica de cisões na Terra, ocultas debaixo d'água. Arestas oceânicas e valas costeiras complementares dividem a superfície do globo num mosaico de cerca de trinta placas, cada uma carregando um pedaço de um continente, uma parte do fundo do mar. A configuração das peças muda à medida que as placas se separam, colidem e raspam lateralmente umas nas outras, impelidas pelo calor residual contido desde o nascimento violento da Terra e pelo contínuo decaimento radioativo.

Os abalos sísmicos que perfuram a Terra durante um terremoto tornam possível a mais profunda introspecção imaginável e sugerem que os continentes e o fundo dos mares constituem apenas uma delgada epiderme, ou crosta, em torno do planeta — uma crosta que se reduz a pouco menos de dois quilômetros em certas partes do oceano (em comparação com a crosta continental, com uma espessura média de mais de trinta quilômetros). Seja como for, a crosta, em sua totalidade, representa apenas 0,5% da massa da Terra. O grosso do volume do planeta, cerca de dois terços de sua massa, é constituído pelo manto terrestre, o qual, sendo rochoso porém fluido, permanece em estado de constante turbulência entre a crosta e o núcleo. No centro da Terra, parte do núcleo de ferro e níquel já se resfriou e transformou-se numa esfera sólida. Os sismologistas conseguem ouvi-la girando no interior do núcleo externo ainda liquefeito, quase um segundo por dia mais depressa do que o resto do mundo.

Assim como aconteceu com os vários níveis ocultos do interior da Terra, as camadas invisíveis da atmosfera terrestre também foram mapeadas, desde a mais próxima da superfície (a troposfera), passando pela estratosfera e a mesosfera, até a mais alta de todas, a termosfera. O campo magnético e os cinturões de radiação em torno da Terra podem ser mapeados do espaço. Também do espaço, uma rede de satélites de posicionamento global consegue hoje identificar localidades — e até pessoas — no planeta com precisão de centímetros, ao mesmo tempo que os refletores de raios laser instalados na Lua pelos astronautas do projeto Apollo medem a distância exata entre os dois astros.

O lugar da Terra no espaço é hoje conhecido com extremos tão fidedignos de precisão que o último trânsito de Vênus, ocorrido em 8 de junho de 2004, foi relegado à condição de mera atração turística — uma oportunidade de testemunhar uma anomalia que nunca fora vista por alguma alma do planeta, levando-se em conta a data do trânsito anterior, 6 de dezembro de 1882. No intervalo entre aquele trânsito e este, a extensão do mundo conhecido ampliou-se sobremaneira e hoje inclui outros planetas do Sistema Solar, planetas extra-solares na galáxia e a configuração da própria Via Láctea, que gira pelo espaço afora com bilhões de estrelas em seus braços espirais. Uma visão mais ampla do infinito incorpora as outras galáxias do nosso Grupo Local, os aglomerados de estrelas e os superaglomerados de galáxias que se estendem espaço afora e tempo adentro até o nascimento do universo. Porém, como o mapa de Ptolomeu, essa sofisticada apreensão de nossos arredores capta apenas a autoconsciência do momento presente.

Lunatismo

Lua

Durante os dias de glória do projeto Apollo, um jovem astrônomo que analisava pedras trazidas da Lua no laboratório de uma universidade apaixonou-se por minha amiga Carolyn e, pondo em risco seu emprego e a segurança nacional, deu a ela de presente uma pitada ínfima, quântica, de poeira lunar.

"Onde está? Deixe-me ver!", exigi assim que soube. Tranqüilamente, sem alarde, ela respondeu: "Eu a comi". E, após uma pausa, acrescentou: "Era tão pouquinho...", como se isso explicasse tudo.

Fiquei furiosa. Num instante, eu despencara do zênite de descobrir a Lua presente ali, no apartamento de Carolyn, ao nadir de perceber que ela engolira o pó selenita sem deixar uma mísera migalha para mim.

Num devaneio, vi a poeira lunar acariciando-lhe os lábios, como o beijo de uma grande paixão. Ao entrar em sua boca, inflamou-se em contato com a saliva e lançou fagulhas que se alojaram em cada uma das suas células. Cristalina e adventícia, iluminou os mais obscuros recôncavos do corpo de Carolyn como pó de pirlimpimpim, tamborilando a melodia despropositada de um sino de vento por suas veias. Mas sua presença sagrada transformara-lhe a própria natureza: Carolyn, a nova deusa lunar, amalgamara-se com a Lua de algum modo nesse ato de transubstanciação — e foi isso que me deixou com tanto ciúme.

Eu, é claro, conhecia os antigos contos da carochinha que aconselham as mulheres a abrir as cortinas do quarto e dormir sob o luar para tornarem-se mais férteis ou regularizarem o ciclo menstrual. Mas lenda alguma descrevia os poderes advindos da Lua para alguém que ingerisse sua poeira. O ato de Carolyn invocara uma magia da era espacial, inimaginável quando sua mãe e a minha se tornaram esposas.

Ainda tenho inveja de Carolyn ter saboreado a Lua. Na vida real, sei que ela é casada com um veterinário, que tem três filhos crescidos e mora no norte do estado de Nova York. Ela não brilha no escuro nem caminha no ar. Já eliminou, há muito, qualquer vestígio daquele petisco selenita, que certamente percorreu seu corpo da maneira tradicional. O que conteria aquele quitute para arrebatar minha atenção por tantos anos?

Alguns grânulos de titânio e alumínio?

Parcos átomos de hélio vindos do Sol com o vento solar?

A essência radiosa de mundos inatingíveis?

Tudo isso, por certo, e mais o encanto inestimável de ter percorrido 380 mil quilômetros de espaço interplanetário na barriga de uma espaçonave e de ter sido dado a ela como prova do amor de um homem belo e generoso. Carolyn, seu nome é sorte.

Os astronautas das naves *Apollo* não ingeriram intencionalmente poeira lunar, embora esta tenha se apegado a eles, recoberto a brancura de suas botas e trajes espaciais, e retornado com eles para o módulo lunar. No momento em que retiraram seus capacetes-bolha, o cheiro de pólvora queimada, ou de cinzas úmidas numa lareira, acometeu-os. Era a poeira lunar, ardendo docilmente em contato com a atmosfera de oxigênio que os homens haviam trazido consigo. Será que lá fora, na superfície lunar anaeróbia, esse pó pisoteado emitia algum odor próprio? Uma árvore que tomba na floresta vazia faz barulho se ninguém o ouve?

Os astronautas viam a superfície poeirenta da Lua em tons de bronze e castanho, como areia da praia, quando estavam voltados para o Sol. Mas ela tornava-se cinzenta se a olhassem da direção oposta — e negra ao escavarem amostras para colocar em sacos plásticos. O brilho preternatural da luz solar nua e crua transtornou sua percepção de cor e profundidade, e também a das chapas fotográficas. Igualmente afinado com a luminosidade da atmosfera terrestre, o filme formou sua própria interpretação dos matizes sutis e relevo íngreme da nova paisagem. Desse modo, as fotografias tiradas pelos cosmonautas acabaram retratando suas próprias lembranças cromáticas das caminhadas pela Lua.

O semblante da Lua visto da Terra, resultado da prestidigitação da luz, não é menos ilusório. Que outra explicação pode haver para seu fulgor prateado, se este advém de poeira e rochas negras como fuligem? As formações umbrosas que delineiam a figura de um rosto na Lua* refletem apenas 5% a 10% da luz solar que chega a elas e até os mais reluzentes planaltos lunares não devolvem mais do que 12% a 18% da luz que recebem, o que torna nosso satélite, no geral, tão brilhante quanto uma rua asfaltada. Mas sua superfície áspera e rugosa, polvilhada com partículas irregulares de pó lunar, multiplica as miríades de planos onde a luz pode bater e ricochetear. É assim que a poeira bronze, cinza e preta veste a Lua em brilho branco. E, quando a contemplamos contra o pano de fundo sombrio do céu noturno, ela nos parece ainda mais branca.

---

* O chamado "homem na Lua" é uma figura que lembra um rosto humano e que alguns enxergam na superfície da Lua cheia. Os mares Imbrium e Serenitatis seriam os olhos, o Sinus Aestuum o nariz, e os mares Nubium e Cognitum a boca. (N. T.)

A brancura define nossa imagem da Lua, exceto naquelas ocasiões em que ela paira, dourada, no horizonte, brunida pelo ar mais espesso que o normal, ou em que, escarlate, mergulha na sombra da Terra durante um eclipse lunar total. Ninguém jamais acreditou seriamente que a Lua fosse esverdeada, apenas que ela lembra um queijo verde* — um disco malhado e esbranquiçado de coalho fresco, ainda não pronto para ser comido. É verdade que a Lua pode ficar azul depois que um vulcão turva a atmosfera da Terra... E os povos de língua inglesa chamam-na de azul quando ela se mostra cheia duas vezes no mesmo mês. Mas é a confiável brancura da Lua cotidiana que confere à expressão idiomática *blue moon*** o seu ar de raridade.

Embora a luz branca que rebate na Lua contenha todas as cores, o luar, tal como percebido na Terra, traquinamente extrai toda e qualquer cor das paragens mais familiares. A Lua cheia é 450 mil vezes mais pálida que a luz solar direta e permanece um pouco abaixo do limiar em que a retina começa a distinguir cores. Mesmo o luar mais brilhante induz lividez nos rostos que ilumina e cria sombras que são como masmorras, pois todos os que nelas entram desaparecem.

As cores esmaecidas do luar desabrocham nos jardins noturnos cultivados com lírios, cálices-de-vênus, julianas-dos-jardins e flores semelhantes, todas elas brancas ou quase brancas, e apreciadas por seus hábitos noturnos. A gigantesca flor-da-lua, equivalente vespertino a todas as flores que glorificam a manhã, é conhecida nos trópicos como bela-da-noite e só abre suas pétalas no final do dia — como fazem suas companheiras, as maravilhas (ervas-tristes), as íris vespertinas e os gladíolos noturnos. As estrelas-da-tarde também

---

* Lua e queijo estão associados nos países de língua inglesa. Em 1546, John Heywood escreveu em seus *Provérbios* que *"the moon is made of a greene cheese"* [a lua é feita de queijo verde (i. e., não curado)], dando origem a todo o folclore subseqüente. (N. T.)

** *Blue moon*: um longo período de tempo. (N. T.)

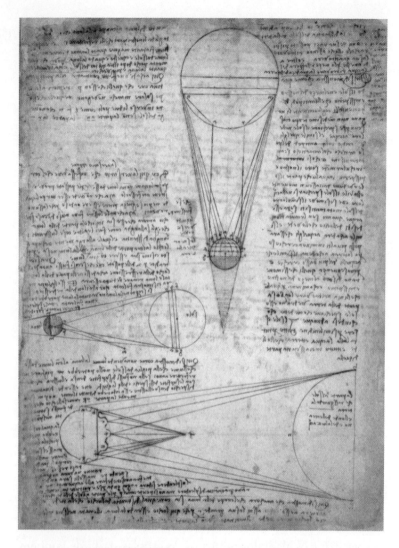

Leonardo da Vinci (1452-1519) ponderou a luz do Sol e da Lua e registrou seus pensamentos entre 1506 e 1510 num caderno, que foi logo adquirido pela família do conde de Leicester e ficou sendo conhecido como Codex Leicester.

são apreciadas nos jardins noturnos, apesar de sua florescência rosada, pois as prímulas só exalam seu perfume após o pôr-do-sol.

Mas a Lua recusa-se a ficar confinada à noite e despende metade de seu tempo no céu diurno, onde muitas pessoas nem sequer reparam em sua presença, ou confundem-na com uma nuvem. É apenas durante alguns dias em cada mês que ela desaparece verdadeiramente, invisibilizada nas cercanias do Sol. O restante do tempo, a inelutável Lua muda de forma hora a hora, crescendo e minguando e clamando por atenção. O primeiro vislumbre que temos da jovem Lua é como um sorriso ao entardecer. Embora somente um ínfimo filete crescente prateado brilhe sobre nós no início do ciclo lunar, o restante do astro já se revela em formas vagamente discerníveis, como se a velha Lua repousasse nos braços da jovem Lua. Leonardo da Vinci, ao desenhá-la num desses momentos, reconheceu a tênue luminosidade no interior do crescente brilhante como o brilho da Terra. Da Vinci, em seus cadernos semi-ilegíveis de anotações espelhadas, explicou que essa Lua fantasma capta o reflexo do Sol na Terra e irradia de volta um eco atenuado.

Quando a Lua percorreu um quarto da sua trajetória em torno da Terra, a luz do Sol cobre metade de sua face, como glacê num biscoito com hemisférios precisos de creme e chocolate. Não demorará até que a linha que separa a parte iluminada da parte escura, chamada *terminator*, se curve como um arco, alumiando uma área ainda maior da superfície lunar e acentuando-lhe a convexidade. Essas fases da expansão lunar, que se desdobram sucessivamente — desde a plena escuridão e as primeiras nesgas visíveis até a Lua crescente e cheia —, são uma promessa de crescimento. Herbários e almanaques de fazendeiros recomendam a fase crescente como a melhor época para semear ervilhas, colher raízes e podar árvores e assim garantir frutos abundantes. Do mesmo modo, nunca se deve cortar lenha enquanto a Lua está crescendo, pois a madeira, úmida com a seiva ascendente, oporá forte resistência à serra, exigindo mais trabalho, e empenará depois de cortada.

A Lua cheia, que nasce ao pôr-do-sol, promove uma ilusão de grandeza que dobra ou até triplica seu tamanho aparente. O esplendor dessa vista provém de nossa percepção mental do horizonte como um lugar remoto onde tudo que assoma como grande deve ser verdadeiramente gigantesco. Mais tarde, noite alta, depois que avançou céu acima, uma outra escala de distância se aplica e a Lua retoma suas dimensões normais, não importa que o mundo aqui embaixo esteja ensandecendo. Cães ladram, coiotes uivam, homens licantrópicos metamorfoseiam-se em lobisomens e vampiros saem caçando a esmo sob a Lua cheia. Mais crimes são cometidos, mais bebês nascem, mais lunáticos desvairam. Ou assim dizem, pois a surpreendente luz da Lua cheia, clara quase o bastante para lermos debaixo dela, parece confirmar uma expectativa prevalecente de tumulto, encrenca e desgoverno.

Quase todas as Luas cheias do ano mereceram ao menos um epíteto associando-a às sazões perdidas da tradição — Lua do Lobo, Lua da Neve, Lua da Seiva, Lua dos Corvos, Lua das Flores, Lua das Rosas, Lua do Trovão, Lua dos Esturjões, Lua da Colheita, Lua dos Caçadores, Lua dos Castores, Lua Fria* — embora nenhum atributo semelhante seja aplicado a suas outras fases.

O estado de Lua cheia propriamente dito, quando ela está situada no céu da Terra em posição oposta à do Sol, dura apenas um minuto da sua vida mensal. No instante seguinte, já começa a sucumbir ao declínio e a escuridão vai avançando pela direita, percorrendo o mesmo caminho seguido pela luz que a antecedeu. Um

---

* Ou, ainda, Lua do Lobo (janeiro), Lua do Gelo (fevereiro), Lua de Tempestade (março), Lua do Crescimento (abril), Lua da Lebre (maio), Lua dos Prados (junho), Lua do Feno (julho), Lua do Milho (agosto), Lua da Colheita (setembro), Lua de Sangue (outubro), Lua Azul (final de outubro), Lua de Neve (novembro), Lua Fria (dezembro). (N. T.)

a um, somem os traços que dão feição ao rosto do "homem na Lua" — ou do "coelho" ou "sapo" —, na mesma ordem em que foram se mostrando antes. O primeiro a surgir ou partir é o arredondado Mare Crisium (mar da Crise), seguido, como num sortilégio fantástico recitado em latim, pelo Lacus Timoris (lago do Medo), Mare Tranquillitatis (mar da Tranqüilidade), Sinus Iridum (baía dos Arco-Íris), Oceanus Procellarum (oceano das Tormentas), Palus Somni (pântano do Sono). Nada nem ninguém pode fazer com que a água dos mares escuros da Lua se mostre, pois são todos secos. Os ditos mares nunca conheceram a presença da água. Embora dessem indícios de uma interconexão fluida aos primeiros astrônomos que os viram e nomearam através de telescópios, os primeiros andarilhos selenitas colheram em suas praias os materiais mais secos imagináveis.

Bone-dry, "secas como ossos", é como as amostras lunares foram descritas, embora fossem bem mais secas do que ossos, que se formam no interior dos sistemas vivos e úmidos da Terra e retêm memória da água muito tempo após a morte.

Secas como pó, então? Não, ainda mais secas. Na Terra, até a poeira abriga água.

As pedras lunares estabeleceram um novo padrão de secura, caracterizado pela *total* ausência de água. Nem uma gotícula de água, nem uma bolha de vapor esconde-se furtivamente na treliça de cristais das rochas lunares (intocadas também por qualquer tipo de gelo), ainda que cometas talvez tenham lançado bolsões de água congelada importada — 10 milhões de toneladas, possivelmente — aqui e ali na escuridão das crateras inexploradas perto dos pólos selênicos.

Na ausência da água como um ingrediente possível, a criatividade da Lua limitou-se a uma mera centena de minerais, enquanto a úmida Terra engendrou milhares e milhares de variedades de minerais. As pedras preciosas que, romântica ou religiosamente, associamos à Lua — pérola, quartzo, opalina, essexito — jamais poderiam ter se formado lá, pois todas, de uma maneira ou de outra, requerem a água que o astro não tem para oferecer.*

A teoria predileta dos cientistas planetários explica a formação e a secura da Lua de uma só cajadada: nos primórdios da história do Sistema Solar, um planeta errante em trajetória de colisão teria se chocado com a nossa ainda incipiente Terra. O impacto, embora ocorrido há 4,5 bilhões de anos, fundiu o agente impactante ao local de impacto e lançou destroços superaquecidos no espaço. Essas chusmas de poeira e fragmentos rochosos, propelidas para uma órbita em torno da Terra atordoada, acabaram se coalescendo, 4,4 bilhões de anos atrás, na nossa Lua. Como foram ejetadas de um caldeirão comum, as rochas lunares são quimicamente semelhantes às da Terra, exceto por terem perdido toda a água que possuíam (e também qualquer outro composto que pudesse escapar na forma de vapor).

O ritmo convulsivo da formação lunar gerou calor suficiente para liquefazer as camadas superiores do novo satélite e criou um oceano global de magma de quase duzentos quilômetros de profundidade. Com o tempo esse oceano foi esfriando, endurecendo e se transformando em pedra. O entulho vagante da juventude violenta do Sistema Solar, que ainda permanecia nômade na época, bombardeou a lisa, homogênea e recém-formada crosta lunar, prorrompendo vastas bacias e crateras de impacto. Ao mesmo tempo, o calor radioativo aprisionado no interior da tenra Lua empurrava mais e mais rochas pastosas até a superfície, preenchendo as amplas bacias com basalto preto e delineando os traços faciais do orbe.

O oniabrangente oceano de magma presente no nascimento da Lua foi o primeiro fluido que lá verteu; os rios e lagunas de lava

---

* Valorizado por seu exotismo, um singelo quilate de pedra lunar foi vendido em leilão por 442,5 mil dólares em 1993. E um mapa do planalto de Descartes, usado esporadicamente pelos astronautas da *Apollo 16* e contendo apenas vestígios de poeira lunar, alcançou 94 mil dólares em 2001.

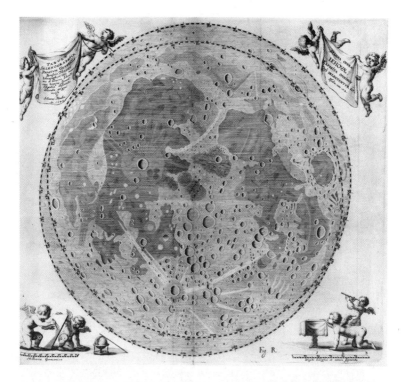

Johannes Hevelius (1611-87) elaborou esta imagem da Lua cheia e 39 outras gravuras das fases lunares para seu livro de 1647, Selenographia. Hevelius acreditava que as áreas claras representavam formas telúricas e as escuras indicavam corpos aquáticos.

extrudada, os últimos. E estes se congelaram há 3 bilhões de anos, quando a formação de novas crateras praticamente cessara em todo o Sistema Solar. A Lua, tendo despendido todo o seu calor interno, solidificou-se de alto a baixo, por dentro e por fora, tornando-se um fóssil ressequido e considerado "morto" pelos padrões geológicos.

Árida, a Lua atrai os mares da Terra como se os invejasse. Duas vezes ao dia, a maré sobe e desce sob comando da gravidade lunar. Todos os corpos de água do nosso planeta se elevam quando pas-

Características familiares da Lua incluem a brilhante cratera irradiada chamada Tycho *e um escuro "mar" circular, o* Mare Crisium.

sam sob a Lua, o que faz sentido intuitivo, mas então se elevam novamente depois de circularem até o outro lado, oposto a onde a Lua se encontra. Poder-se-ia dizer que lá eles só aparentam subir e que, na realidade, é a Terra que está sendo puxada pela Lua na direção contrária. Se observarmos todas as águas do mundo em conjunto, o oceano diretamente debaixo da Lua sobe em resposta a uma atração gravitacional mais intensa e, simultaneamente, o oceano do lado oposto da Terra também se eleva como que aliviado por haver menos força puxando-o na direção inversa.

As marés terrestres reagem à gravidade solar, como à lunar, ainda que em menor grau, pois a maior distância do Sol e a sua tendência de atrair com mais imparcialidade todas as partes da Terra ao mesmo tempo atenuam seus efeitos. Porém, quando o Sol e a Lua se enfileiram com a Terra numa linha reta que cruza os céus, como acontece em todo novilúnio e plenilúnio, os três astros conspiram para elevar as marés ainda mais. As chamadas marés de águas-vivas ocorrem todos os meses e o afluxo dessas águas pode chegar a seis metros de altura, duas vezes ao dia. Se tal alinhamento, ou sizígia, ocorrer no momento em que a Lua estiver mais próxima da Terra, isto é, no perigeu, tanto mais alto subirão as marés.

Há quem jure que as mesmas ondas de atração lunar também podem içar os órgãos internos do ser humano rumo aos céus. Por que o corpo humano, sendo predominantemente água, não soergueria em sincronia com os ritmos lunitelúricos? Provavelmente por ser pequeno demais. Assim como lagos, lagunas e outros corpos de água menores não sofrem os efeitos da Lua na forma de marés, também os pequenos corpos viventes de água ficam imunes a tais interações interplanetárias. A sensação vagamente lunática que tantas vezes experimentamos em nosso peito pode ser mais bem explicada como uma reação emocional à beleza, não à maré dos fluidos corpóreos, e a concomitância entre o ciclo menstrual feminino e a duração do mês lunar só pode ser uma coincidência ou um mistério.

Enquanto a Lua puxa e empuxa os oceanos terrestres, a Terra arrasta a Lua para si com a força superior de sua massa maior. A luta inquieta pelo poder entre os dois corpos acabou reduzindo a rotação do nosso satélite para cerca de quinze quilômetros por hora. Girando assim devagar, a Lua demora quase tanto tempo para girar em torno de seu eixo quanto para completar sua órbita mensal de cerca de 2,5 milhões de quilômetros. É como se a Terra a houvesse coagido a um padrão cerrado de rotação e revolução (ao qual se dá o nome de *earthlock*), que faz com que ela sempre

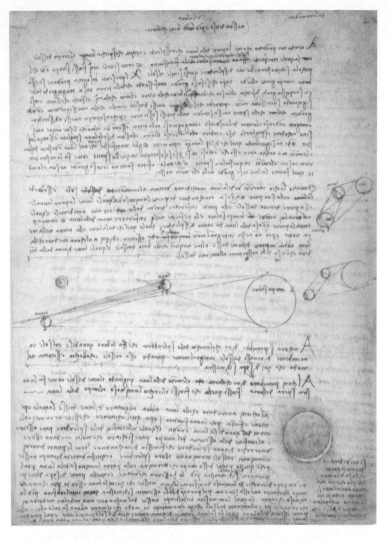

Em outra parte do Codex Leicester, *Leonardo refletiu sobre a luz espectral contida na jovem Lua crescente e identificou-a como o re-reflexo da luz solar rebatida da superfície da Terra.*

mantenha a mesma face respeitosa voltada para nós. Não é à toa que o "homem na Lua" parece-nos tão familiar.

Em comparação, a Terra rodopia freneticamente, cerca de trinta vezes mais depressa. Todavia, também ela está desacelerando, alguns centésimos de segundo por ano, devido às tensões do chamado atrito de marés, pois o efeito perceptível da Lua sobre as marés oceânicas é acompanhado de um insidioso alongamento do terreno sólido da Terra. A Lua puxa com mais força a parte da Terra que estiver mais próxima e chega a provocar uma protuberância perceptível. Porém, tão logo um trecho da superfície da Terra se eleva, o movimento de rotação faz com que essa região saia da influência direta da Lua e a substitui por uma área vizinha. Como sempre há algum setor do planeta abaulando-se e retraindo-se, esse atrito constante vai refreando o ritmo da rotação.

À medida que o giro da Terra se torna mais lento, a Lua se afasta dois ou três centímetros a cada ano, pois os efeitos em cascata das marés dão um ligeiro empuxo ao satélite. Um dia, a desaceleração da Terra e o afastamento da Lua cessarão e haverá uma espécie de empate em que a rotação da primeira se estabilizará e o recuo da última estancará. Quando isso acontecer, as rotações de ambos os astros serão sincrônicas. A Terra fitará a Lua com o mesmo olhar zeloso e unilateral com que a Lua hoje nos mira. Nesse futuro longínquo, os adoradores da Lua certamente habitarão a parte de nosso planeta em que ela permanecerá pairando no céu o tempo todo, enquanto os habitantes do outro hemisfério terrestre, os moradores "do lado de lá", terão de viajar meio mundo se quiserem desfrutar uma visão da Lua.

Por ora, a diminuição quase imperceptível da rotação terrestre restringe-se a um diminuto milissegundo a cada cinqüenta anos. Mas esta e outras inconstâncias convenceram os guardiões oficiais do tempo a relegar o Sol, a Lua e as estrelas como as únicas referências cronométricas confiáveis e a acrescentar periodicamente um "segundo bissexto" para ajustar o chamado tempo universal coordenado. Ao contrário do ano bissexto, que dura um dia a mais que o ano normal, a duração de um segundo bissexto é a mesma de qualquer outro segundo. Mas, como o ano bissexto, o segundo bissexto proclama a frustração de todos os esforços ao longo da história para basear o calendário dos assuntos humanos nos movimentos das esferas celestes.*

A rotação diária da Terra em torno de seu eixo e a sua revolução anual em torno do Sol recusam-se a se engrenar com a órbita mensal da Lua. Combinar as idiossincrasias temporais solares e lunares sempre exigiu fórmulas complexas para alternar entre anos de doze e de treze meses (o que desde sempre conferiu ao número treze uma aura de azar) ou para legislar a duração dos meses em si. Versos quebrados mnemônicos, como "Trinta dias tem setembro",** logo perdem a rima e a métrica no esforço de encaixar em cada mês um número certo de dias que corresponda às estações nos anos vindouros.

Embora o relógio atômico marque o tempo melhor que a dança dos planetas, é o relógio que tem de ser ajustado e submeter-se à autoridade dos orbes imprecisos. Pois de que serve a presunçosa capacidade de determinar que a Terra está um segundo atrasada se a primavera sempre veio e sempre virá quando tem de vir?

Na Lua, um único intervalo de tempo — o nosso mês lunar —

---

* Um segundo, que outrora dividia um dia solar médio em 86 400 partes iguais, é hoje definido como o tempo que um átomo confinado de césio 133 leva para efetuar 9 192 631 770 vibrações naturais. [A definição oficial afirma que "o segundo é a duração de 9 192 631 770 períodos da radiação correspondente aos dois níveis hiperfinos do estado básico dos átomos de césio 133". (N. T.)] Desde 1972, o International Earth Rotation Service já acrescentou 24 segundos bissextos, sempre na primeira hora de janeiro ou julho.

** "Trinta dias têm setembro, abril, junho e novembro. / Fevereiro 28 tem. / Se for bissexto mais um lhe dêem. / E os mais, que sete são, 31 todos terão." (N. T.)

serve igualmente para o dia e para o ano. No decorrer desse ano diário ou dia anual, em que ela completa um giro em torno de seu eixo e um giro em torno da Terra, a luz e o calor do Sol espalham-se primeiro sobre um de seus hemisférios e depois sobre o outro, concedendo a cada um cerca de duas semanas contínuas de luz natural, seguidas de uma gélida quinzena de noite ininterrupta.

Muitos imaginam a face oculta como o lado escuro da Lua, uma vez que está perpetuamente escondida de nós, mas ela também possui fases que complementam perfeitamente as fases plena ou parcialmente iluminadas que observamos na face aparente. Se metade da Terra está sempre banhada pela luz do Sol, o mesmo acontece com a esfera da Lua.

Os astronautas das naves *Apollo* que caminharam sobre a Lua alunissaram na face aparente no início da manhã lunar, antes que a temperatura alcançasse a máxima de 107 graus Celsius. Mesmo as duas últimas missões do projeto, cujos tripulantes permaneceram na superfície lunar por três dias, chegaram e partiram em metade de uma manhã lunar.

Nenhum deles chegou a pisar na face oculta, embora todos tenham observado seu terreno estranho em primeira mão quando orbitaram o satélite — e até hoje continuam sendo os únicos seres humanos a fazerem-no. Podem ter gritado qualquer palavrão ou manifestado qualquer tipo de sentimento na empolgação privada de tal revelação, pois o contato por rádio com Houston e o resto do mundo foi interrompido quando passaram pelo outro lado da Lua. E os pilotos do módulo de comando, que permaneceram em órbita enquanto as equipes de exploração trabalhavam na superfície, vivenciaram a profunda e inédita solidão de se desligarem de toda a civilização — inclusive seus colegas — durante 48 minutos a cada volta de duas horas em torno da Lua. O lado oculto é o único lugar do Sistema Solar inteiro onde os sinais de rádio da Terra não são receptíveis.

Como a metade recôndita de qualquer ser, a face oculta da Lua tem pouca semelhança com o rosto que ela mostra ao mundo. Existe lá uma profusão inaudita de crateras sobrepostas e não se vê praticamente nenhuma das planuras lisas e escuras de lava acumulada que caracterizam a face aparente. Ao que parece, a crosta mais espessa do outro lado da Lua impediu que a lava fosse expulsa do interior do satélite.

Toda fermentação geológica na Lua cessou há cerca de 3 bilhões de anos, depois que o intenso bombardeio tardio livrou o Sistema Solar dos maiores e mais ameaçadores projéteis. Hoje, meteoritos de uma tonelada não atingem a Lua mais de uma vez a cada três anos, em média. Os abalos sísmicos ocasionais podem ser considerados, sem medo de errar, como uma reação débil ao estresse gravitacional, não como palpitações de um planeta vivo com um núcleo líquido.

Apenas micrometeoritos continuam a cair constantemente sobre a Lua inerte, tornando o manto de poeira em sua superfície cerca de um milionésimo de milímetro mais espesso a cada ano. Esse influxo é a principal força tectônica que hoje atua na Lua. Os selenologistas chamam isso de "manter o jardim", pois esses recém-chegados reviram e revolvem o "solo" estéril do astro ao se inserirem nele. Esse processo suave praticamente não perturba a natureza-morta que hoje existe na Lua: as coleções de instrumentos científicos, a sucata dos estágios gastos de foguetes, os três veículos de exploração estacionados.

Dentre os talismãs pessoais intencionalmente deixados para trás, a fotografia de um astronauta e sua família posando para a câmera sobressai. Alguém tomou a precaução de embrulhá-la em plástico para protegê-la — como se algo pudesse acontecer a ela na superfície árida e monótona da Lua, onde a pegada de uma bota tem expectativa de vida de 1 milhão de anos e cada partícula de pó possui um quê de imortalidade.

Sci-Fi

Marte

Podem me chamar de "A Coisa" ou de "Allan Hills 84 001", meu nome oficial — até "A Pedra que Veio de Marte" serve. Embora eu seja mesmo um pedaço de rocha e, portanto, não possa responder, permitam-me a presunção de assumir uma identidade consciente pela duração destas poucas páginas e falar em nome de Marte, de onde vim por mero acaso e por obra e graça das leis da física.

Dos 28 meteoritos marcianos conclusivamente identificados até o momento, sou de longe o mais antigo e o único que apresentou, após exame microscópico, formatos e resíduos internos semelhantes aos provocados por bactérias terrestres primitivas. Essas descobertas transformaram-me no pedaço de pedra mais estudado de todos os tempos.

Alguém poderia supor que fui contaminado pela vida terrestre durante os 13 mil anos que permaneci caído nas planícies de gelo da Antártida antes que os cientistas me coletassem em 1984. Eles certamente pensaram em contaminação, mas acabaram descartando essa possibilidade e concluíram, num misto de pasmo e quase descrença, que era mais provável que eu já tivesse abrigado pequeninos seres em meu planeta natal — criaturas talvez hoje extintas — quando o impacto de um asteróide lançou-me da superfície marciana há 16 milhões de anos.

Minha história, consoante com a história de Marte vista por olhos humanos, está cravada na vida marciana, apesar da minha ambigüidade sobre a questão. Tenho pouco a dizer sobre vida fóssil e ainda menos a contribuir para conjecturas sobre vida em Marte hoje. Não esperem de mim, portanto, afirmações ousadas, pois não quero que me enquadrem com alienígenas imaginários ferozes como os gigantescos vermes da areia em Arrakis ou os *thoats* selvagens, burros de carga de oito patas, ou homens verdes ou grandes macacos brancos em Barsoom.*

Por outro lado, afirmo minha origem marciana como algo indisputável. Minha constituição espelha a composição química de rochas e poeira examinadas *in situ* na superfície do planeta e em órbitas quase rasantes de espaçonaves visitantes. Vestígios de gases, presos nas bolhas vítreas em minha matriz, correspondem exatamente, elemento por elemento e com a mesma abundância relativa de isótopos raros, às amostras da atmosfera obtidas em Marte. Minha natureza estrangeira nunca poderia ter sido provada antes dessa era de exploração espacial e, todavia, cheguei à Terra sem o auxílio de qualquer meio de transporte artificial.

A colisão que deu início a minha jornada escavou um buraco de quase dez quilômetros de diâmetro em Marte. Os astrônomos acreditam ter identificado essa cratera específica em imagens de satélite, perto de um pequeno vale nos planaltos do sul do planeta. A violência do impacto lançou, em alta velocidade, toneladas de rochas da crosta para a atmosfera rarefeita, e todos os pedaços mais velozes — aqueles cuja aceleração ultrapassou a velocidade de

---

* Veja, por exemplo, *Duna* (1965), de Frank Herbert, e *The gods of Mars* [Os deuses de Marte] (1918), de Edgar Rice Burroughs.

escape local de 4,8 quilômetros por segundo — livraram-se das amarras do planeta para sempre.

Na qualidade de marciano vindo de uma região de muitas crateras, conheci em primeira mão o impacto de meteoritos; na verdade, tenho até a cicatriz de uma fratura que sofri quando fui esmagado e reaquecido num impacto anterior. Mais tarde, porém, me *tornei* um meteorito — ou, mais corretamente, um meteoróide, o que vale dizer um legítimo vagamundo espacial que abandonou um astro, mas ainda não desembarcou em outro. Dezesseis milhões de anos de perambulações aparentemente aleatórias acabaram me trazendo até as cercanias da Terra, perto o suficiente para ser atraído por sua gravidade, que é três vezes mais forte do que a de Marte. Tudo conspirava para que eu desaparecesse num oceano, o destino da maioria dos meteoritos que sobrevivem à descida incandescente até a superfície da Terra, mas, em vez disso, caí perto do pólo Sul durante a última era glacial, num leito de água congelada.

As neves vieram e me cobriram, recolhendo-me a uma geleira que se movia lentamente, e juntos avançamos devagar por milhares de anos. Somente quando chegamos aos montes Allan e tentamos escalá-los é que os penhascos escarpados e os ventos árticos acabaram por me arrancar do gelo e me expuseram outra vez.

Os cientistas chegaram em sete *snowmobiles*, em fila indiana, à procura de rochas escuras sobre o gelo branco-azulado, confiantes de que tudo o que encontrassem acabaria revelando-se extraterrestre, vindo talvez da Lua, do Cinturão de Asteróides ou de Marte. Embora eu não seja maior do que uma bola de beisebol quadrática, ou uma batata de dois quilos, eles me encontraram facilmente graças ao contraste de cores. "Essa pedra verde" foi como eu lhes apareci naquela deslumbrante amplidão de gelo e luz, mas fui esvaecendo até tornar-me "cinza fosco" no laboratório.

Fui transportado de avião para os Estados Unidos, ao Centro Espacial Johnson, em Houston, Texas, onde minha idade foi determinada por duas mensurações independentes de radioisótopos do tipo "mãe-filha", uma que analisou a proporção de samário que decaíra em neodímio nas minhas entranhas, outra que traçou a transformação radioativa de rubídio em estrôncio. Ambas as datações chegaram ao mesmo resultado, um intervalo de 4,5 bilhões de anos desde a época em que eu cristalizara, embora os testes nada revelassem sobre minha proveniência. No início, os pesquisadores me confundiram com uma rocha ígnea do asteróide Vesta, mas quando dispararam um feixe fino de elétrons em alguns de meus veios, excitando átomos próximos da superfície para que emitissem raios X, revelou-se a verdade sobre minha composição alienígena, a saber, a forma de ferro que contenho e que me identificou positivamente como marciano.

Minha idade extremamente avançada distingue-me de todos os outros meteoritos marcianos conhecidos. Com 4,5 bilhões de anos, quadruplico a idade do segundo meteorito mais vetusto do grupo, o que sugere que sou um pedaço da crosta planetária original de Marte. Ainda não se descobriu nenhuma rocha terrestre comparável, pois a mais antiga dessas não excede 4 bilhões de anos e somente uma pedra trazida da Lua, a chamada Genesis Rock, chega perto da minha extraordinária antigüidade.

Como relíquia pertinaz dos primórdios do Sistema Solar, mantive-me praticamente inalterado ao longo dos éons, embora o mais provável tivesse sido eu me pulverizar sob a força de algum impacto ou fundir-me num vulcão, para só reencarnar depois de resfriado.

Marte tem profundo respeito pela longevidade. A maior parte da superfície do planeta perdura hoje tal como sempre foi, ao passo que a Terra e Vênus reinventam sua face exterior graças a convulsões constantes. Contudo, Marte não é um preservacionista ferrenho como a Lua ou Mercúrio, cujos panoramas estáticos são moldados quase que inteiramente por forças externas. Meu planeta, pelo contrário, um globo com apenas metade do tamanho da Terra, ergueu as montanhas mais altas do Sistema Solar, esculpiu um vasto sistema de vales labirínticos, inundou seu solo com água em estado líquido e depois congelou-a num deserto de dunas espetaculares em tons de vermelho, amarelo e marrom tão vibrantes que Marte, visto de longe, parece reluzir como uma estrela alaranjada.

A paisagem marciana ostenta um deserto com mais poeira do que areia e, quando essas finas e lisas partículas ferrosas e ferruginosas pairam no céu como uma bruma esfumaçada, conferem sua cor ao ar. Ao nível do chão, a atmosfera rosada, formada primordialmente de dióxido de carbono, exerce pressão quase imperceptível — apenas um centésimo da terrestre —, mas seus ventos incitam essa poeira a agir. E como! Remoinhos de poeira sobem em espirais e serpenteiam pelos espaços abertos. Nuvens de pó sobem em turbilhões tempestuosos amarelados que rugem por dias a fio e, às vezes, se transformam em tormentas globais que envolvem o planeta inteiro por meses, até que o ar sobrecarregado de pó finalmente se cansa de seu fardo.

Calotas de gelo alvo e fulgente nos pólos do planeta avançam e recuam sobre o chão cinabrino, seguindo um ciclo sazonal rítmico de alterações climáticas. Entre os pólos, o solo se divide em duas porções desiguais: a maior parte dos planaltos antigos e repletos de crateras concentra-se no sul, de onde parti, enquanto as planícies mais jovens ocupam o hemisfério norte. Essas planícies boreais são tão baixas que o planeta parece vagamente assimétrico, torto, com o pólo Sul quase sete quilômetros mais distante do equador do que o pólo Norte.

Logo ao norte do equador, o pujante Olympus Mons, ou monte Olimpo, alcançou a sua altura, equivalente aos Alpes sobre os Andes mais o Himalaia, no começo da história marciana, quando o calor sobejo da coalizão planetária escapou sob a forma de erupções de lava copiosas o bastante para criarem uma dúzia de montanhas gigantescas e dezenas de outras menores. Desde então,

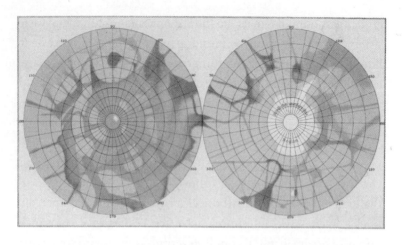

Giovanni Schiaparelli (1835-1910) observou os canali *na superfície de Marte pela primeira vez durante a oposição de 1877 e continuou a observar e mapear o planeta nas duas décadas seguintes. Alguns contemporâneos apelidaram-no de "Colombo de Marte".*

os picos de Marte receberam golpes incessantes, os quais formam crateras em seus flancos, mas não sofreram praticamente nenhuma erosão. As nuvens brancas de vapor d'água em torno dos cumes não lançam chuvas que desgastem as encostas, e os ventos que lá assolam carregam apenas partículas lisas e diminutas de pó de argila, moles demais para erodir as rochas.

A leste do Olimpo, falhas antigas racharam e apartaram milhares de quilômetros de terreno, goivando os grandiosos desfiladeiros conhecidos como Valles Marineris. Avalanches alargaram essas ravinas e água corrente aprofundou-as, moldando ilhas em forma de lágrimas no fundo, mas hoje todos os vales íngremes do planeta jazem vazios, agora que todo o estoque de água marciana desapareceu de vista.

É possível que o clima mais quente e úmido do passado remoto tenha mudado subitamente, quando os impactos que escavaram as bacias mais amplas e profundas expulsaram o vapor d'água e o nitrogênio que outrora espessavam a atmosfera. A água, líquida na época, evadiu-se da superfície por todos os meios disponíveis — evaporando, dissipando-se no espaço, escorrendo para aqüíferos ocultos, congelando e hibernando subterraneamente como *permafrost*.

Minha experiência marciana data da época da água líquida. Entre 1,8 e 3,6 bilhões de anos atrás, segundo as melhores estimativas dos cosmoquímicos, águas quentes de nascentes banharam-me e permearam minhas rachaduras de choques anteriores, riscando essas fendas com os veios distintivos de minerais carbonados. Esses depósitos minerais hoje representam um décimo do meu volume e todos os meus sinais de vida residem neles.

Por mais surpreendente e inaudita que possa ser a minha carga de elementos genuinamente extraterrestres, a ciência aceita essa possibilidade. Quaisquer que tenham sido as forças que provocaram o surgimento da vida na Terra há 3 ou 4 bilhões de anos, elas podem ter agido do mesmo modo em Marte nessa época primeva. E, mesmo supondo que apenas a Terra dentre todos os planetas tenha dado à luz vida, ainda assim é concebível que pelo menos uma arqueobactéria tenha escapado daqui, resguardada num estado de animação suspensa semelhante à dos esporos no interior de algum meteoróide, e chegado a Marte por um encadeamento de circunstâncias semelhantes às que me trouxeram para cá. Por certo, tempo suficiente transcorreu na vida do Sistema Solar para que tal seqüência de eventos se passasse e, talvez, até se repetisse.

Interpretar as evidências delineadas em meu interior fraturado é estender os limites tanto da intuição como da instrumentação. As imagens de altíssima resolução obtidas em microscópios eletrônicos de varredura revelaram diversas colônias de minúsculos entes em forma de salsicha, semelhantes a bactérias — incluindo um com segmentos como os de um verme. Porém, depois que fotos em close-up foram publicadas em 1996 em reportagens do mundo inteiro, novas investigações sugeriram que esses possíveis micro-fósseis não eram resquícios nem marcianos nem terrestres, e sim artefatos dos procedimentos laboratoriais usados para preparar amostras minhas para estudo. O processamento provocara altera-ções texturais que, inexplicavelmente, reproduziram o contorno de formas conhecidas de vida — do mesmo modo como o vento pode-ria, por acaso, cinzelar um platô escarpado em Marte no formato de um rosto humano.

Três outros indícios promissores de vida, incluindo a minha bagagem de moléculas orgânicas chamadas hidrocarbonetos aro-máticos policíclicos, também não conseguiram fornecer prova conclusiva. Ainda faltam ser explicados, ou talvez descartados, os minúsculos grânulos de magnetita em torno de meus glóbulos carbonados. Nenhum processo inanimado conhecido gera esse tipo de magnetita pura, que na Terra é produzida por bactérias aquáticas da linhagem MV-1. Esses singulares cristais escuros são hoje tudo o que resta para sustentar a esperança de vida em Marte que despertei. Mas são suficientes.

A probabilidade — há muito aceita — de Marte abrigar alguma vida alternativa é reforçada pelo solo sólido do planeta e pela alternância de dias e noites semelhante à da Terra. Um dia marciano — um sol — é apenas cerca de meia hora mais longo do que um dia terrestre, pois ambos os corpos giram aproximada-mente na mesma velocidade. A inclinação deles em relação ao eixo também é quase igual — Marte inclina-se 25 graus, a Terra 23,5 —, o que explica o fato de a passagem das estações no curso de cada ano ser parecida nos dois astros.

Naturalmente, o âmbito maior da órbita marciana estende a duração de cada estação, pois Marte leva 687 dias terrestres para completar a sua jornada mais longa e mais lenta em torno do Sol. Lá, todas as estações são frias: a temperatura global média anual é 40 graus abaixo de zero, comparado com os 15 graus Celsius da Terra.

A prevalência do frio, no entanto, não exclui a possibilidade de vida, se pensarmos em todos os nichos aparentemente inóspitos existentes aqui — o interior de fissuras vulcânicas no fundo do oceano, reservatórios de petróleo, sal-gema subterrâneo — que servem de lar para vermes tubulares, os pogonóforos, para peixes hidrotermais rosados de olhos azuis e para outros extremófilos conhecidos.

As órbitas da Terra e de Marte chegam a deixar os dois planetas a 24 milhões de quilômetros um do outro a cada quinze a dezessete anos, triplicando o tamanho de Marte visto ao telescópio nesses momentos, impondo assim um ritmo natural à cadência de descobertas em tempos antigos. Quando Marte se aproximou em agosto de 1877, por exemplo, suas luas, de cuja existência havia muito se suspeitava, revelaram-se enfim como dois orbes companheiros pequenos e escuros, Fobos e Deimos, quase no limiar da detectabilidade e viajando tão depressa que os meses lunares marcianos, calculados por esses satélites, duram apenas algumas horas.

Durante o mesmo encontro planetário de 1877, inúmeros riscos retiformes foram observados em Marte pelo italiano Schiaparelli, que usou o termo *canali* para descrevê-los ao desenhar mapas do planeta. Os *canali* foram traduzidos para o inglês como *canals*, vias aquáticas artificiais, não por *channels*, sulcos naturais ou canais, antes da aproximação seguinte, em 1892, quando um entusiasta americano insistiu ter avistado centenas e centenas de *canals* e logo atribuiu a existência destes aos esforços de irrigação desesperados de uma raça moribunda.*

A idéia fixa de um alter ego marciano norteou os preparativos para a aproximação subseqüente, em agosto de 1924, quando foi proposto que as transmissões radiofônicas civis e militares silenciassem por três dias para que se tentasse ouvir algum sinal inteli-

---

* Veja *Mars* (1895), *Mars and its canals* (1906) e *Mars as the abode of life* (1908), de Percival Lowell.

115

gente dos marcianos. O Exército americano designou o oficial-chefe de comunicações para decodificar quaisquer transmissões que fossem interceptadas e, embora o valor de seus serviços não chegasse a ser posto à prova nessa ocasião, operadores telegráficos britânicos e canadenses relataram diversos bips não identificados em transmissões de rádio. Ao mesmo tempo, observadores nos Alpes suíços enviaram uma saudação a Marte usando um raio de luz amplificado por lentes refletido nas encostas nevadas do monte Jungfrau. E houve ainda astrônomos confirmando que pontos brilhantes moventes, avistados através de telescópios improvisados, eram nuvens da atmosfera marciana.

Em vez de esperar décadas até que os planetas se alinhassem em posições propícias à pesquisa, planetólogos e cientistas de foguetes decidiram, nos anos 1960, tirar proveito das oportunidades ideais de lançamento que ocorrem a cada 26 meses e enviar uma série de naves capazes de fazer vôos rasantes, orbitar e pousar em Marte. Essas espaçonaves seguiram a trajetória eficiente e direta da transferência de Hohmann, calculada para levá-las do lançamento na Terra à intersecção com a órbita marciana em menos de um ano, justo na hora para interceptar o planeta naquele ponto.*

Percalços e contratempos impediram que metade das naves destinadas a Marte atingisse seu difícil objetivo ou, chegando lá, funcionasse a contento — incluindo três que deveriam ter pousado na superfície, mas acidentalmente desabaram e foram destruídas no impacto. Entre os inúmeros sucessos, porém, cinco naves conseguiram completar o pouso e montaram laboratórios de campo automatizados, tanto móveis como estacionários, para recolher amostras do ar e do solo marcianos.

---

* Veja *The book of Mars* (1968), publicação especial da NASA n⁰ 179, de S. Gladstone.

As naves *Viking 1* e *Viking 2*, a primeira dupla de cientistas robóticos gêmeos que partiu da Terra para buscar vida em Marte, alcançaram as planícies douradas de Chryse e Utopia em meados de 1976, quando eu ainda permanecia sepultado no gelo invernal da Antártida. Pousaram em locais batizados em homenagem a fantasias clássicas ou vagas impressões do século XIX sobre meu mundo natal. Mesmo hoje, depois que a verdadeira topografia de Marte foi razoavelmente esclarecida por levantamentos *in situ*, diversas alusões românticas perseveram no esquema lógico de nomenclatura instituído pelos areografólogos modernos. Assim, os grandes vales de rios secos descobertos no início dos anos 1970, como o Ares Vallis e o Ma'adim Vallis, remetem ao deus da guerra Marte ou à palavra "estrela" em vários idiomas humanos — a única exceção é Valles Marineris, o maior de todos os vales marcianos, que homenageia o aparelho que o descobriu, a *Mariner 9*, o primeiro satélite artificial a orbitar outro planeta que não a Terra. Os vales menores tomaram seus nomes de rios terrestres da época clássica ou contemporânea. (Evros Vallis, perto de meu local de origem, compartilha seu nome com um rio da Grécia.)

As grandes crateras marcianas, conhecidas de longa data e agora vistas sob uma nova ótica, levam hoje nomes de cientistas e escritores de ficção científica, como Burroughs e Wells, enquanto crateras menores ganharam nomes de cidades terrestres com menos de 100 mil habitantes. Numa escala ainda menor, pedras individuais da superfície que aparecem nas fotos tiradas pelas espaçonaves que pousaram em Marte ganharam nomes esdrúxulos dos desenhos animados e histórias em quadrinhos — incluindo Calvin e Hobbes [Haroldo], Pooh Bear [Ursinho Puff] e Piglet [Leitão], e Rocky e Bullwinkle — ou apelidos referentes a sua aparência: Lunchbox [lancheira], Lozenge [pastilha para garganta] e Rye Bread [pão de centeio]. Embora o meu nome, Allan Hills 84 001, seja específico e descritivo, às vezes, em conversas a

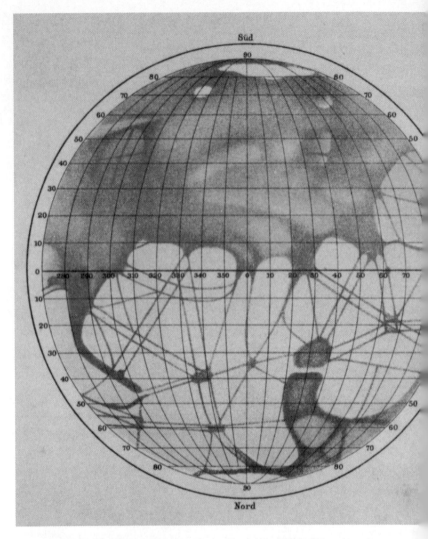

Ao estudar a superfície de Marte ao longo do tempo, Schiaparelli observou que a maioria dos canais do planeta assumia uma forma dúplice. Ele suspeitava que os canais retos simples também fossem linhas duplas paralelas, mas seu telescópio não era potente o bastante para resolver a questão.

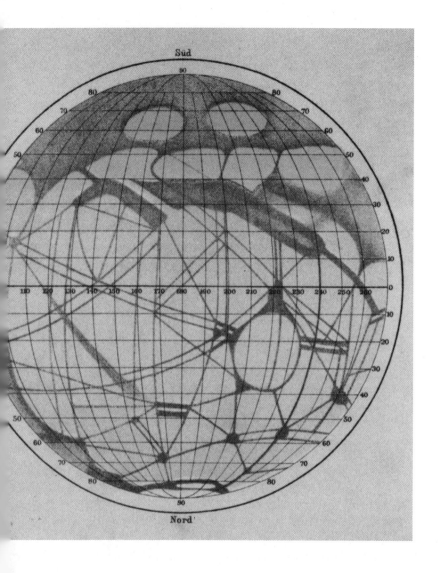

portas fechadas entre cientistas, sou chamado de Big Al ou de alguma outra alcunha conveniente.

Algumas dessas cosmonaves cumpriram períodos tão longos de atividade em Marte e transmitiram fluxos tão constantes de informações que os geólogos e climatologistas da Terra já conseguem monitorar tendências de longo prazo, notadamente a natureza transitória das calotas polares marcianas. No sul, no início de cada outono, até um terço da atmosfera cai do céu cor de salmão como neve polvilhada, formando uma geada branca de dióxido de carbono. O gelo seco torna a calota do pólo Sul quase um metro mais espessa e recobre metade do hemisfério sul durante todo o inverno, a estação mais longa nessa parte do planeta. Quando chega a primavera, esse orvalho congelado sublima-se diretamente de volta à atmosfera, sem dar-se o tempo de derreter, mas logo abandona o céu outra vez e precipita-se sobre o pólo Norte na entrada do outono.

Em outros estudos, espaçonaves estacionadas em Marte testaram a força do campo gravitacional do planeta, mediram a composição e a pressão de sua atmosfera, cronometraram a velocidade de seus ventos, compararam a altura de suas montanhas e a profundeza de suas bacias, auscultaram da superfície possíveis "martemotos" e detectaram um núcleo ferroso, atualmente solidificado, que não é mais capaz de gerar um campo magnético.

Na verdade, tantas espaçonaves hoje compartilham o domínio marciano e enviam de volta tantos milhares de fotografias que a imagem do planeta vai se tornando incessantemente mais refinada e complexa aos olhos terráqueos. Com isso, novas teorias são aduzidas, e a controvérsia entre os cientistas planetários só se intensifica à medida que as missões proliferam.

De uma perspectiva marciana, o somatório de tantas investigações poderia ser interpretado como uma invasão hostil.* Entre-

---

* Veja *A guerra dos mundos* (1898), de H. G. Wells.

tanto, nenhum enviado terrestre se deparou com alguma entidade suscetível a ataque e só os mais ínfimos, mais equívocos indícios de atividade biológica foram encontrados. A poeira avermelhada de Marte, rica em peróxido de ferro e outros agentes oxidantes, esteriliza cotidianamente a si mesma e a qualquer recém-chegado. Compostos orgânicos lançados na superfície marciana por meteoritos ou espaçonaves visitantes são destruídos de imediato pela química altamente reagente da época atual. E qualquer material orgânico que sobrevivesse ao ataque químico com certeza sucumbiria ao desmantelamento físico provocado pela radiação ultravioleta do Sol, pois não há na atmosfera marciana nenhuma proteção comparável à da camada de ozônio da Terra.

Os astrobiólogos insistem que, como a água que foi outrora copiosa em Marte, a vida naquele planeta pode simplesmente ter se foragido para debaixo da superfície a fim de evitar esses perigos e poderá vir a ser descoberta, ainda vivente ou já extinta, se a buscarmos com diligência. Os astrônomos concordam e afirmam que, mesmo que Marte acabe se revelando vazio e inanimado, seu ambiente singular continuará atraindo exploradores robóticos e humanos para suas paragens geladas.

Alguns visionários vêem Marte como uma potencial região domiciliar avançada, à espera de ser colonizada.* Programas cientificamente exeqüíveis de "terratização" de Marte visam realçar suas semelhanças com a Terra e propõem a construção de habitats apropriados ao ser humano — aquecendo-se o pólo sul marciano com gigantescos espelhos posicionados no espaço, por exemplo, que concentrariam e amplificariam a luz do Sol, forçando a calota polar residual de dióxido de carbono a sublimar-se como um gêi-

---

* Veja *The sands of Mars* (1951), de Arthur C. Clarke, *Red planet* (1949), de Robert A. Heinlein, e *Red Mars* (1993), *Green Mars* (1995) e *Blue Mars* (1997), de Kim Stanley Robinson.

ser de gases absorventes de radiação infravermelha. Com o calor resultante, água potável verteria copiosamente do gelo no pólo Norte, ou seria sorvida do abundante *permafrost* subterrâneo ou extraída quimicamente de áreas selecionadas da crosta enrijecida do planeta.

Outros dizem que é possível obter o mesmo efeito de outra maneira, preparando-se um ambiente seguro para algumas linhagens robustas e resistentes de micróbios, que seriam soltas em alguma parte do regolito, ou manto de intemperismo, marciano, onde ingeririam os nutrientes disponíveis e excretariam gases capazes de adensar a atmosfera (incluindo amoníaco e metano), permitindo a ela armazenar mais calor, elevando assim a temperatura local e criando um ambiente mais ameno.

Os que defendem um destino interplanetário manifesto esperam que, independentemente de Marte já ter sido ou não habitado por seres sencientes, terráqueos acabem um dia se tornando marcianos.*

Eu os imagino num terreno inclemente, vestindo trajes de proteção especialmente projetados para Marte, vivendo em domos modulares, trabalhando sob um campo magnético artificial que os proteja dos perigosos raios cósmicos enquanto capturam energia eólica e convertem as reservas locais de hidrogênio pesado em energia elétrica. Labutando no deserto para cultivar alimentos em estufas e prospectando veios valiosos de minérios de alta qualidade, dão prosseguimento a um meticuloso reconhecimento do planeta viajando de trator e a pé, galgando montanhas e explorando cavernas, oscilando entre esperançosos e temerosos de estarem violando propriedade alheia.

Suponho que seja a sua condição de seres vivos e a noção clara da transitoriedade da vida que lhes instigue a obsessão de buscar

---

* Veja *As crônicas marcianas* (1950), de Ray Bradbury.

outras vidas em todo reduto possível. Mesmo que consigam abrir caminho e preparar terreno para seus compatriotas juntarem-se a eles na fundação de uma grande civilização marciana, nunca cessarão de procurar vestígios de algo que tenha deixado alguma marca na poeira avermelhada antes que lá chegassem.

Astrologia
Júpiter

Quando Galileu, um pisciano com ascendente em Leão, voltou sua luneta para o céu escuro sobre Pádua no inverno de 1610, "guiado por não sei qual destino", segundo afirmou, o planeta Júpiter apareceu-lhe com quatro novas luas jamais vistas antes por homem algum.

Galileu deu graças a Deus por haver lhe concedido essas vistas e louvou sua nova luneta como o meio para chegar a elas. Mas é igualmente certo que o alinhamento dos planetas naquelas noites de janeiro também contribuiu para sua bem-aventurança: Vênus, junto com Mercúrio, se escondiam abaixo do horizonte; Saturno havia se posto no início da noite; e quando Marte enfim nasceu, três horas antes do raiar do Sol, o frio e a fadiga haviam há muito empurrado Galileu para dentro de casa. Até a Lua, embora estivesse quase cheia no início de sua vigília, retirara-se paulatinamente, deixando o fulgurante Júpiter, em oposição incandescente, a vagar sozinho em meio às estrelas.

Tão logo Galileu discerniu as quatro companheiras do planeta, percebeu também o que pressagiavam para seu futuro: ele poderia conseguir uma posição na corte toscana se as batizasse em homenagem a seu mais importante patrono, o jovem príncipe florentino Cosimo de Medici. Dada a proeminência de Júpiter no horóscopo de Cosimo, que Galileu já lhe lera, as quatro luas representariam o jovem e seus três irmãos menores; seriam, portanto, doravante conhecidas como "estrelas mediceanas".

"Foi Júpiter, eu vos digo", Galileu lembrou Cosimo, "que, no nascimento de Vossa Alteza, depois de atravessar os vapores tenebrosos do horizonte, ocupando o meio-do-céu" — querendo dizer que Júpiter já atingira a posição dominante mais auspiciosa do céu, segundo a astrologia renascentista — "e iluminando o ângulo oriental" — isto é, afetando o signo ascendente — "de sua casa real" (Júpiter sendo considerado o rei dos planetas), "contemplou, de seu trono sublime, vosso tão afortunado advento. Foi Júpiter que despejou todo o seu esplendor e grandeza sobre o mais puro ar e, com seu primeiro fôlego, permitiu que vosso tenro corpinho e vossa alma, já adornados por Deus com nobres ornamentos, sorvesse poder e autoridade universais."

Júpiter havia, pois, conferido a Cosimo toda a confiança expansiva e a nobre preocupação ética que condizem com um líder nato. Sabia-se que o efeito positivo de Júpiter, dito "o grande benéfico" pelos praticantes das artes estelares, era capaz de elevar alguém da insignificância à grandeza e de prometer saúde, sanidade, júbilo, sabedoria, otimismo e generosidade.

"Na realidade", observou Galileu, "é como se o próprio Artífice das Estrelas, por meio de argumentos claros, me admoestasse a designar esses novos planetas com o ilustre nome de Vossa Alteza antes de todos os demais. Pois se essas estrelas, que são a progênie digna de Júpiter, nunca deixam o seu lado senão por mínimas distâncias, quem há de desconhecer que a clemência, a nobreza de espírito, as maneiras agradáveis, o esplendor do sangue real, a majestade nas ações, o alcance da autoridade e o governo sobre

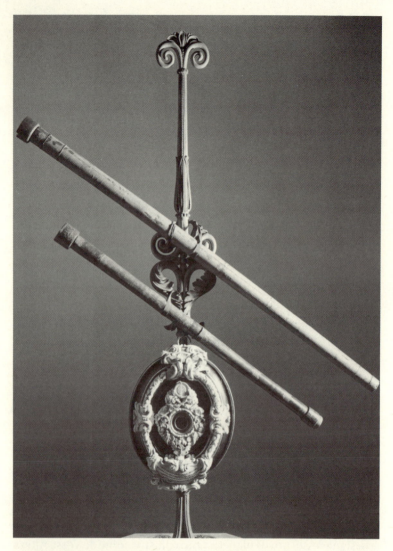

Acredita-se que estes dois telescópios — um feito de madeira, papel e cobre; o outro de madeira recoberta de couro ornado com ouro —tenham sido construídos por Galileu. A requintada armação de ébano na parte de baixo contém as lentes que lhe permitiram observar pela primeira vez as luas de Júpiter e que ele mais tarde ofereceu de presente ao grão-duque da Toscana.

outros são qualidades que encontram um domicílio e a exaltação de si mesmas em Vossa Alteza? Quem, pergunto, não sabe que todas elas emanam da mais benigníssima estrela, Júpiter, que depois de Deus é a fonte de todo o bem?" A comoção que se seguiu ao anúncio feito por Galileu de suas descobertas levou alguns comentadores a se perguntarem alto e bom som como os quatro novos corpos celestes afetariam a astronomia, de um lado, e a astrologia, de outro.

Logo as estrelas mediceanas foram convocadas como corroborações astronômicas do ainda impopular sistema heliocêntrico de Copérnico. Por mostrarem que podiam circular em torno de Júpiter ao mesmo tempo que Júpiter percorria a sua ronda celestial, os novos satélites tornaram plausível a idéia de também a Terra mover-se pelo espaço, junto com sua Lua, em torno do Sol.

A astrologia rompeu com a astronomia nesse momento, pois seu foco na experiência humana forçou-a a preservar a perspectiva geocêntrica. Some-se a isso que muitos astrólogos não viram necessidade de atribuir uma nova esfera de influência às estrelas mediceanas. Pelo contrário, continuaram a considerar e acatar somente a Lua terrestre — a antiga e familiar controladora das reações emocionais e das atividades cotidianas.

No mapa astral de Galileu, por exemplo, Sol está em Peixes,* mas a Lua, no meio do céu, encontra-se no signo de Áries, indicando uma personalidade imaginativa, autoconfiante, independente e inventiva, de mente inquieta, capaz de ir além das fronteiras existentes — um pioneiro, em suma, um aventureiro, ou mesmo um guerreiro celeste. Além disso, a Lua ocupa a nona das doze casas

---

* Dois horóscopos feitos para Galileu durante sua vida (1564-1642) mostram o seu Sol perto de 6 graus de Peixes. Ele nasceu em Pisa em 15 de fevereiro, o que deveria fazer dele um aquariano (pois Aquário é o signo solar que rege os nascidos entre 20 de janeiro e 18 de fevereiro), mas a reforma do calendário de 1582 empurrou sua data de nascimento para o dia 25.

mundanas — a casa regida por Júpiter, tradicionalmente associada ao conhecimento e ao entendimento. A Lua na nona casa implica convicções religiosas e filosóficas firmes, educação avançada e uma mãe longeva — todas as quais Galileu possuía. A nona casa também abrange viagens para o exterior e, embora Galileu nunca tenha deixado a Itália, poder-se-ia argumentar que seu telescópio transportou-o para os lugares mais distantes imagináveis.

O mesmo Júpiter que, em 1610, revoluteou como um pequenino globo na ocular na luneta de Galileu residia, no horóscopo deste, no signo de Câncer — onde, segundo os astrólogos, o planeta está "exaltado", isto é, mais livre para expressar-se através da experiência do indivíduo —, além de se encontrar em conjunção com Saturno na décima segunda casa. Júpiter e Saturno alinhados na casa do recolhimento prenunciavam sucesso aos quarenta ou cinqüenta anos de idade. (Galileu tinha 47 quando publicou as descobertas astronômicas que lhe deram fama instantânea.) Juntos, Júpiter e Saturno indicavam que Galileu enfrentaria crises ideológicas (seu confronto posterior com a Inquisição, talvez) e viveria em isolamento e solidão (a prisão domiciliar nos oito últimos anos de vida). O efervescente crescimento e fertilidade de Júpiter são moderados, no horóscopo de Galileu, pela austera e severa proximidade de Saturno.

Júpiter assumiu o manto astrológico de benevolência e prodigalidade em épocas babilônicas, por volta de 1000 a. C. — muito antes de sir Isaac Newton (um capricorniano) apreender a sua verdadeira enormidade física observando a atração que exercia sobre as luas descobertas por Galileu. Os antigos não tinham como avaliar o tamanho dos planetas ou a distância entre eles, de modo que o fato de associarem Júpiter a grandeza representa um mistério para a astronomia e a astrologia compartilharem.

Como condiz com o planeta da expansão, a massa de Júpiter é maior do que o dobro da massa dos oito demais planetas juntos.

Ele possui 318 vezes a massa da Terra e mil vezes o seu volume. No entanto, o diâmetro de Júpiter é "apenas" onze vezes maior que o da Terra, pois o gigante foi se compactando à medida que acrescia, de modo que seu diâmetro expandiu-se a uma fração das taxas de aumento de sua massa e volume.

Literalmente mundos à parte dos planetas terrestres, Júpiter imita o Sol tanto em composição como em atitude: é feito quase exclusivamente de hidrogênio e hélio e reina sobre sua própria réplica do Sistema Solar, contendo no mínimo sessenta satélites planetários: os quatro maiores avistados por Galileu e 59 outros descobertos (até agora) desde o raiar da era de Aquário.

Embora muitas das luas de Júpiter sejam corpos rochosos, o gigante gasoso em si não possui superfície sólida nem terreno maciço de espécie alguma. A face que apresenta aos observadores terrestres é uma extensão puramente climática: cada característica identificável resolve-se num banco de nuvens, um ciclone, uma corrente de ar, uma descarga elétrica ou uma cortina de luzes auroreais. Em Júpiter, uma tempestade pode durar séculos e jamais atingirá terra firme. Não existem mudanças sazonais que rompam os padrões climáticos, pois o planeta permanece quase ereto sobre seu eixo: sua inclinação é de apenas 3 graus.

Ventos contrários que sopram para o oriente e para o ocidente dispõem as nuvens de Júpiter num dossel de listras horizontais. As correntes atmosféricas que avançam para o leste se alternam com os ventos alísios que sopram para o oeste, formando uma dúzia de cinturões escuros e zonas claras, cada um confinado em sua faixa latitudinal, onde permanecem fixos ao longo do tempo. Gerações e gerações de observadores de Júpiter se maravilharam com a persistência e a nitidez dessas divisões.

Cada banda de ventos abriga um drama meteorológico dentro de suas fronteiras. No Cinturão Equatorial Sul, por exemplo, uma tempestade estável, ovalada, conhecida como Grande Mancha

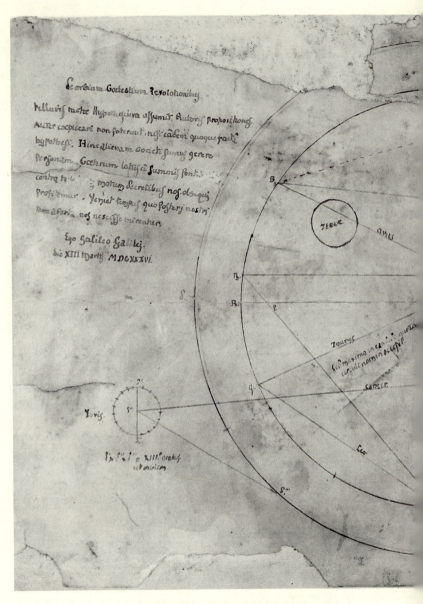

Galileu, um talentoso astrólogo, anotava posições planetárias para fazer o seu próprio horóscopo, os de seus filhos e os de seus patronos reais.

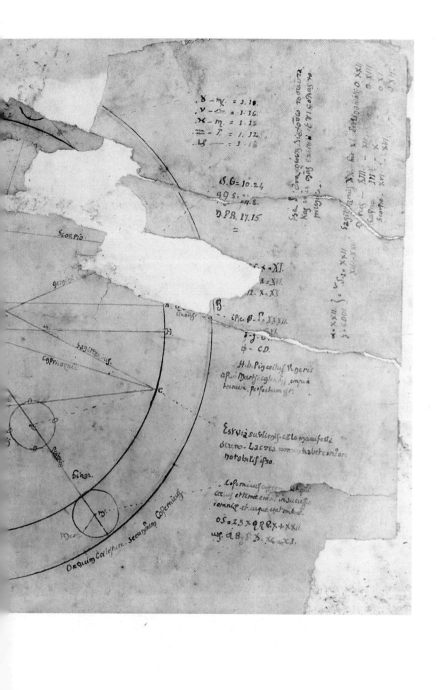

Vermelha, vem sendo estudada ininterruptamente desde 1879. A mancha esvaeceu com o tempo, de escarlate-vivo para laranja-pálido, e também encolheu até metade de sua largura antiga (embora ainda seja maior que o diâmetro da Terra), sem jamais mudar de faixa. Quando a Grande Mancha Vermelha se depara com outras nuvens viajando mais depressa ou mais devagar na mesma direção, no mesmo cinturão, varre-as de lado e as mantém girando em torno de seu perímetro durante semanas, até que se fundam com ela ou sejam deixadas para trás. Por outro lado, as pequenas tempestades ovais que se formam nas perigosas brechas entre os ventos ocidentais e orientais logo sucumbem a forças de cisalhamento e são despedaçadas após um ou dois dias, como furacões de ferocidade rebaixada.

As nuvens de Júpiter adquirem sua coloração vermelha, branca, marrom e azul do enxofre, fósforo e outras impurezas na atmosfera. Os ventos marmorizam as cores das nuvens, como se soubessem apreciar a beleza, e remoinhos ornam-lhes as bordas desenhadas. A essa altura, depois de éons de turbilhonamento, todas as cores já deveriam ter se misturado e turvado, se, de modo geral, cada pigmento não houvesse se segurado firmemente na sua própria camada numa altitude específica da atmosfera. As nuvens baixas em tons fortes de azul só podem ser avistadas através de brechas nas nuvens marrons e brancas sobrepostas às primeiras, que cedem lugar, algumas centenas de quilômetros mais acima, às de tonalidade vermelho-pálido.

Um brilho tênue, mas detectável, de radiação infravermelha escapa por brechas na cobertura de nuvens. É o calor que ainda subsiste desde o processo original de acreção do planeta e que se eleva lentamente por convecção do núcleo de Júpiter à medida que o planeta continua a esfriar e se contrair. Estando a quase 800 milhões de quilômetros do Sol, Júpiter irradia mais calor do que recebe e isso significa que a maior parte da energia que impele os ventos jovia-

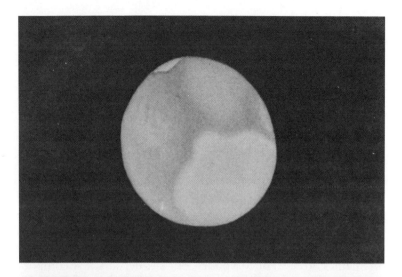

Observando os planetas de sua casa em Slough, sir John Herschel desenhou Júpiter tal como este lhe apareceu no telescópio refletor de seis metros, em 23 de setembro de 1832. Ele comentou que os astrônomos puderam determinar a rotação do planeta (9 horas, 55 minutos e 21 segundos) atentando meticulosamente às características dos cinturões.

nos provém do interior do planeta, acrescida insignificantemente pela débil luz do Sol que chega até lá. A radiância de Júpiter deu-lhe a reputação de "estrela fracassada", mas sua temperatura interna — estimada em quase 9,5 mil graus Celsius — fica muito aquém do calor interno infernal de 15 milhões de graus que faz o Sol brilhar. As vastas e variegadas nuvens, que são tudo que podemos ver de Júpiter, constituem apenas uma fina camada em torno do planeta — menos de 1% do seu raio de quase 72 mil quilômetros. Debaixo delas, a atmosfera vai se tornando mais densa e mais quente, devido ao aumento da pressão, e o clima, mais e mais estranho. Aqui, o conteúdo de carbono do metano e de outros gases confinados pode ser esmagado até se transformar em minúsculos diamantes no céu. Pouco a pouco, os gases deixam de se comportar como gases e se dissolvem num mar de hidrogênio líquido.

Se descermos uns 8 mil quilômetros nesse ambiente, onde a pressão chega a ser 1 milhão de vezes superior à norma terrestre, o hidrogênio líquido torna-se opaco, metálico, fundido e elétrico. De longe, a maior parte de Júpiter consiste nesse estado exótico de hidrogênio comprimido.

De acordo com a astrologia, cada planeta corresponde a um metal específico — a prata, por exemplo, condiz com a Lua, o ouro com o Sol e o mercúrio com Mercúrio. O metal atribuído a Júpiter foi o estanho, não o hidrogênio. É fato, porém, que nenhum alquimista medieval sabia da existência do hidrogênio e muito menos desse preparado bizarro de hidrogênio metálico líquido produzido no interior do planeta.

Ao reverberarem ondas de choque no interior de aparelhos laboratoriais, os cientistas modernos conseguiram fabricar hidrogênio metálico líquido, porém só em quantidades diminutas, e cada uma dessas ínfimas amostras tão laboriosamente obtidas perdura por apenas um milionésimo de segundo. Apesar disso, os pesquisadores conseguiram apreender a essência da substância e, por extrapolação, explicaram muitos aspectos da natureza de Júpiter. Seu campo magnético, por exemplo, que é 20 mil vezes mais intenso que o da Terra e se estende até a órbita de Saturno, provém desse interior de hidrogênio metálico líquido. Um verdadeiro dínamo joviano é criado no interior do planeta, onde correntes quentes de calor em fuga agitam um fluido suscetível perpassado por correntes elétricas geradas pela rápida rotação do astro.

O imenso corpanzil de Júpiter perfaz um giro completo em pouco menos de dez horas, uma rotação mais rápida do que a de qualquer outro planeta. Esse colosso honra a memória dos primórdios do Sistema Solar como disco giratório, e nenhuma das luas que o acompanham têm condições de desacelerá-lo. Quanto à velocidade de revolução em órbita desse gigante, a enorme distância do Sol relaxa seu ritmo e acrescenta muitos quilômetros a suas viagens anuais.

Estando cinco vezes mais distante do Sol do que a Terra, Júpiter demora um longo ano, equivalente a doze anos terrestres (onze anos e 315 dias), para orbitar o Sol. Nesse percurso, demora cerca de um ano terrestre para atravessar cada uma das doze constelações zodiacais. Na astrologia chinesa tradicional, a marcha vagarosa de Júpiter lhe conferiu o epíteto "Estrela anual" (*Sui xing*) e é ele que determina os anos do calendário chinês: rato, boi, tigre, coelho, dragão, serpente, cavalo, cabra, macaco, galo, cachorro e porco. Esse ciclo de animais, porém, mantém apenas uma vaga relação com os doze signos do zodíaco ocidental, que inclui um touro, um leão e um caranguejo, assim como gêmeos semi-humanos, uma virgem e um aguadeiro.

Na astrologia ocidental, um ou outro planeta "rege" o signo com o qual possui afinidade natural. Júpiter, de longa data considerado o planeta mais bem-afortunado, rege Sagitário, o arqueiro, signo dos que nascem entre meados de novembro e meados de dezembro e que seriam dotados de uma visão despreconceituosa e

135

honesta. Durante muitos séculos, Júpiter também regeu o signo de Peixes, cujos nativos, de fevereiro-março (Galileu entre eles), são mestres da memória e da introspecção. Porém, após a descoberta e a designação de Netuno, em 1846, o novo planeta foi astrologicamente associado à água e arrebatou Peixes de Júpiter.

Ao contrário do distante e indistinto Netuno, Júpiter é um espetáculo de luz dourada a olho nu no céu noturno. Sua presença é conhecida desde a Antigüidade e, portanto, não é possível determinar a data de sua descoberta. E, embora o momento do seu nascimento tenha sido deduzido, o local onde nasceu está possivelmente muito distante da região onde ele hoje habita.

Astrônomos planetários afirmam que Júpiter formou-se há 4,5 bilhões de anos a partir de um germe rochoso em uma localização auspiciosa que o predispôs ao gigantismo. Longe do proto-Sol, o protoplaneta vagueou pelas extensões geladas da nebulosa primordial, acumulando torrões glaciais de compostos ricos em hidrogênio, como metano, amoníaco e água. Depois de atingir rapidamente massa equivalente a dez ou vinte Terras, o jovem Júpiter incorporou em si os gases leves ainda abundantes na nebulosa e acabou engordando com todo esse hidrogênio e hélio.

Nenhum mundo pequeno conseguiria reter um invólucro tão grande de gás; Júpiter o fez graças a sua massa superior e, conseqüentemente, a sua gravidade mais intensa. A força de atração de Júpiter, a maior de todos os planetas, também desvia alguns cometas que passam pelas redondezas, seguindo trajetórias alongadas em torno do Sol, e força-os a uma órbita joviana. Foi provavelmente consumindo uma grande quantidade desses cometas que Júpiter ampliou seus estoques de carbono, nitrogênio e enxofre.

O mundo inteiro assistiu a uma dessas capturas, quando o cometa periódico Shoemaker-Levy 9 caiu estrepitosamente pelos bancos de nuvens do planeta. Em 1992, o cometa roçara tão de perto que acabou despedaçado em 21 fragmentos — alguns do tamanho de icebergs, muitos outros pequenos como bolas de neve. Esses estilhaços circundaram Júpiter por dois anos, em fila indiana, como um colar de pérolas voador, antes de mergulharem para a sua destruição, um a um, no transcurso de uma semana em meados de julho de 1994. Ao desabarem atmosfera adentro, explodiram como bolas de fogo, formando colunas de fumaça e destroços com milhares de quilômetros de altura.

Cada detonação deixou uma gigantesca cicatriz nas nuvens e, assim, uma fileira de pérolas negras passou a ornar Júpiter, ao sul da Grande Mancha Vermelha. Embora todos os fragmentos houvessem atingido o lado oposto do planeta, fora do alcance de telescópios, a rápida rotação do astro logo trazia cada novo impacto ao nosso campo visual. As manchas escuras foram então se espalhando devido a ondas e ventos de choque, dispersando-se dia após dia, e haviam praticamente desaparecido em meados de agosto, antes que os cientistas conseguissem discernir o que era material cometário e o que provinha do estoque de elementos dragados do próprio planeta.

Dezessete meses depois, em dezembro de 1995, essa perscrutação natural e inadvertida da atmosfera joviana pelo cometa foi seguida pela chegada da espaçonave *Galileo*, que lançou através das nuvens uma sonda robótica com sete instrumentos científicos.

Na curta hora em que funcionou (antes de ser destruída pelo calor e pela pressão), a sonda *Galileo* enviou-nos vários relatos radiofônicos, como uma testemunha ocular. Foi assim que descobrimos que os ventos fortes vistos em altas altitudes sopram com violência muito maior mais embaixo, reforçando a idéia de que os ventos retiram sua energia das entranhas do planeta. A sonda também constatou haver quantidades relativamente grandes dos gases nobres argônio, criptônio e xenônio. Foi a abundância dessas substâncias que forçou os astrônomos a considerarem um local de nascimento distante do seu domicílio atual, um local onde borbotões de gases nobres congelados pudessem ser incorporados pelo planeta infante. Segundo eles, Júpiter foi se achegando como resultado de incontáveis interações gravitacionais com outros corpos do Sistema Solar.

A posição singularmente privilegiada da sonda *Galileo* possibilitou que, a cada descoberta que fazia, teorias de longa data ruíssem por terra. Inversamente, as coisas que não conseguiu encontrar — entre elas, a ausência de qualquer menção a água nos dados que nos enviou — provocaram consternação e conjecturas por toda a comunidade de cientistas planetários.

Os astrônomos tinham previsto que, depois de perfurar a camada visível e colorida de nuvens de amoníaco, a sonda atravessaria uma grossa camada inferior de nuvens carregadas de gelo e água, onde enfrentaria chuvas e talvez até fosse atingida por raios. Os astrólogos clássicos também caracterizavam Júpiter como "úmido", conforme um sistema médico medieval que afirmava que as qualidades quente, fria, úmida e seca dos diversos planetas afetavam a saúde humana por deslocarem o equilíbrio entre os quatro humores corporais — sangue, fleuma, bile negra e bile amarela. Júpiter, cuja umidade regulava o sangue, também inspirava um temperamento otimista e esperançoso [*sanguine*, em inglês], fazendo dos jupiterianos, de modo geral, um bando alegre, ou "jovial", em oposição aos mercurianos, marciais ou saturninos.

Contrariando todas as expectativas, a sonda *Galileo* deparou-se com uma área seca ao ingressar em um dos raros pontos quentes — uma daquelas brechas nas nuvens por onde o calor de Júpiter escapa para o espaço —, mas o orbitador, isto é, a nave-mãe da sonda, conseguiu fotografar raios titânicos mil vezes mais brilhantes do que as descargas terrestres e confirmou a presença de vapor d'água atmosférico. Na verdade, longe dos "desertos" dos pontos quentes, que mudam continuamente de posição em torno do planeta, muitas partes da atmosfera parecem saturadas de água.

O orbitador da *Galileo* continuou explorando o sistema joviano por mais sete anos. Diferentemente da sonda, que realizou apenas uma rápida descida de diagnóstico em Júpiter, o orbitador tornou-se um longevo companheiro artificial dos satélites galileanos.

A *Galileo* recebia comandos dos controladores da missão sediados no Jet Propulsion Laboratory, no sul da Califórnia, que periodicamente acionavam o motor do foguete da espaçonave para ajustar sua órbita, ora aproximando-a de Júpiter para visitar Europa, ora afastando-a, num vasto plano de vôo que levou-a até a distante Calisto. Ao navegar entre as luas galileanas, a *Galileo* pôde discernir a principal característica de cada uma: Io, o astro mais vermelho e mais vulcânico que se conhece; Europa, que abriga um oceano de água salgada coberto por uma calota de gelo; Ganimedes, o maior satélite do Sistema Solar; Calisto, um dos mais primitivos e mais abalroados.*

Assim como os alinhamentos planetários num horóscopo descrevem as possibilidades de uma vida, também as posições relativas das luas de Júpiter determinaram o destino de cada uma. Io, a mais próxima, exibe traumas de qualquer ligação muito íntima. A atração gravitacional de Júpiter submete-a a uma tensão de marés que mantém o seu interior permanentemente liquefeito e faz com que verdadeiros chafarizes de fogo e lava sejam lançados sem cessar de seus quase 150 vulcões ativos.

Europa, a segunda mais próxima de Júpiter e o menor dos satélites galileanos, também mostra sinais de aquecimento interno por tensão de marés. Todavia, o material que se derreteu em Europa

---

* Johannes Kepler (1571-1630), astrônomo e astrólogo da corte em Praga, referiu-se pela primeira vez às "estrelas mediceanas" como "satélites galileanos" em 1610. Simão Marius, contemporâneo de Galileu e de Kepler, deu às luas os nomes pelos quais ainda são conhecidas selecionando quatro dos seres mais amados pelo mitológico Zeus/Júpiter [Io: princesa da cidade de Argos; Europa: princesa fenícia; Ganimedes: garoto troiano; Calisto: ninfa dos bosques].

foi aparentemente gelo, não rocha. Graças à nave *Galileo*, muitos cientistas hoje acreditam que um mar salgado, mais volumoso que o Atlântico e o Pacífico juntos, jaz espremido, como o recheio de um sanduíche, entre a superfície congelada do satélite e suas profundezas rochosas. Acreditam também que essas águas talvez suportem alguma forma de vida extraterrestre.

Ganimedes, embora maior do que Mercúrio e mais distante de Júpiter do que Io e Europa, também é vítima de tensão de marés. O calor interno mantém seu núcleo ferroso parcialmente derretido e é esse interior condutor convectivo que sustenta o campo magnético da Lua, similar ao de Júpiter, embora muito menor e muito mais fraco.

Somente Calisto, açoitada e marcada por grandes impactos no passado, mantém-se ilesa dos efeitos das marés. Calisto fica tão longe de Júpiter que demora mais de duas semanas para orbitá-lo (Io completa a revolução em menos de dois dias, Europa em três e Ganimedes em sete). Nada disso impede que a gigantesca bolha invisível da magnetosfera joviana, que se estende por milhões de quilômetros pelo espaço e engolfa todas as luas do planeta, continue girando em sincronia com Júpiter a cada dez horas.

A magnetosfera, avançando sobre as luas, bombardeia-as com partículas carregadas e arrasta consigo outras partículas extraídas de suas superfícies. Os vulcões de Io despejam um fluxo constante de íons e elétrons na magnetosfera, induzindo correntes enormes, de muitos milhões de amperes, entre o satélite e o planeta. Na realidade, a órbita de Io fervilha com tanta atividade elétrica e radiações letais que constitui ameaça até para espaçonaves não tripuladas. A *Galileo* precisou postergar até o final o estudo dos satélites jovianos para arriscar um sobrevôo de Io. Uma preocupação justificada, pois, toda vez que passou perto dessa lua, um ou outro de seus instrumentos desligou-se, ou funcionou mal ou foi atingido por tantas partículas que acabou no mínimo parcialmente incapacitado.

No final, contudo, a *Galileo* mostrou-se tão resistente que em certa ocasião voou *através* da coluna de fumaça de um vulcão em erupção e sobreviveu para nos contar a sua experiência.

Essa valente espaçonave, fustigada desde o início por diversos problemas que adiaram seu lançamento e colocaram em risco seu desempenho, adquiriu personalidade própria e conquistou a afeição dos engenheiros que a construíram e dos astrônomos a quem serviu. Em algum momento entre 1982 (a data pretendida de lançamento) e 1989 (a data efetiva de lançamento), a *Galileo* sofreu danos que passaram despercebidos até que já estivesse se aproximando de Júpiter. Primeiro, sua antena principal em formato de guarda-chuva, projetada para transmitir centenas de milhares de imagens digitais e as leituras dos instrumentos de volta à Terra, recusou-se a abrir inteiramente; depois o gravador de fita da espaçonave, que deveria armazenar dados entre as transmissões, emperrou. Os controladores da missão, desesperados, trabalharam aqui na Terra por quatro anos para consertar e reprogramar a desventurada nave no espaço antes que ela chegasse a Júpiter em 1995. Seus esforços não só salvaram a espaçonave como também prolongaram sua vida útil em órbita. A missão foi considerada um verdadeiro triunfo, embora os contratempos de comunicação reduzissem a enxurrada de informações prevista a um mero pinga-pinga.

Se astronomia e astrologia não houvessem seguido caminhos diferentes tempos atrás, é possível que alguns dos problemas da missão da *Galileo* pudessem ter sido previstos. O mapa astral da nave, que "nasceu" em cabo Canaveral no dia de seu lançamento, 18 de outubro de 1989, indica uma nave forte, agressiva, com o Sol em Libra garantindo equilíbrio e Marte em conjunção com o Sol no meio do céu favorecendo a ambição. Em seu ascendente, estão agrupados Saturno, Urano e Netuno, conferindo um senso de seriedade e importância ao empreendimento. Porém Mercúrio, o planeta da comunicação, forma o pior ângulo possível — uma quadratura, que é um aspecto negativo — com a posição de Júpiter. Uma outra quadratura desastrosa de Mercúrio se contrapõe à poderosa tríade de Saturno—Urano—Netuno.

O mapa mostra Júpiter ocupando a sétima casa — do casamento e do companheirismo. Não resta dúvida de que a *Galileo* foi parceira de Júpiter durante sua longa vida útil e uniu-se em definitivo a ele em seu destino derradeiro. Quando a nave começou a envelhecer e seus foguetes ficaram sem combustível para controlar a direção, ela obedeceu a um último comando da Terra, que a colocou em rota de colisão com o planeta gigante. Os engenheiros da NASA temiam que se a *Galileo*, que levava uma carga de plutônio a bordo, fosse simplesmente abandonada em órbita, poderia colidir um dia com Europa, contaminando os mares inconspurcados desse satélite ou até matando alguma forma de vida incipiente que lá existisse.

Em 21 de setembro de 2003, o dia em que pereceu, a *Galileo* atravessou as nuvens de Júpiter, desintegrou-se e aspergiu seus átomos aos ventos jovianos. "Reencontrou-se com a sonda", comentaram alguns cientistas do projeto, como se lamentassem um amigo que acabara de falecer. "Ambas agora são parte de Júpiter."

Quanto à hora final da odisséia da *Galileo*, o horóscopo da espaçonave mostrou que Saturno, o planeta das coisas que terminam, estava caminhando no interior da oitava casa, a mansão da morte.

Música das esferas

Saturno

Entre 1914 e 1916, o músico inglês Gustav Holst compôs o único tributo sinfônico ao Sistema Solar de que se tem notícia, seu Opus 32, *Os planetas, Suíte para orquestra*. Nem a sinfonia *Mercúrio* (número 43 em mi bemol maior) de Haydn nem a sinfonia *Júpiter* (número 41 em dó, K. 551) de Mozart se propuseram a tanto. Na realidade, o título *Júpiter* só foi associado à obra de Mozart décadas após sua morte. Do mesmo modo, a sonata "Ao luar" de Beethoven foi conhecida por trinta anos como Opus 27, número 2, até que um poeta afirmou que sua melodia lembrava o luar brilhando sobre um lago. A suíte *Os planetas* possui sete movimentos, não nove. Plutão ainda não havia sido descoberto quando Holst compôs a peça e a Terra também foi excluída. Mas a obra persiste até hoje como o acompanhamento musical da era espacial, em parte porque as pessoas ainda a apreciam e em parte porque nenhuma outra surgiu para suplantá-la. E, para compensar suas omissões, compositores contemporâneos ampliaram-na com novos movimentos, como "Plutão", "Sol" e "Planeta X".

O interesse de Holst pelos planetas foi despertado pela astrologia. Em 1913, após um surto de leituras sobre o assunto, ele começou a fazer os mapas de amigos e a pensar nos planetas em termos do seu significado astrológico, como "Júpiter, o portador da jovialidade", "Urano, o mago" e "Netuno, o místico". Sua filha e biógrafa, Imogen, que também era compositora, lembra-se de que foi o "vício predileto" de seu pai, a astrologia, que o levara ao estudo da astronomia, "e seu entusiasmo por ela elevava-lhe a temperatura toda vez que tentava compreender coisas demais ao mesmo tempo. Ele perseguia sem cessar a idéia do contínuo espaço-tempo".

Uma afinidade natural entre música e astronomia prevalece desde pelo menos o século VI a. C., quando o matemático grego Pitágoras percebeu "geometria na vibração das cordas" e "música no espaçamento das esferas". Pitágoras acreditava que a ordem cósmica obedecia às mesmas regras e proporções matemáticas que os tons de uma escala musical. Platão retomou a idéia dois séculos depois, em *A república*, onde introduziu a memorável expressão "música das esferas" para descrever a melodiosa perfeição dos céus. Platão também falou da "harmonia celestial" e do "magnífico coro" — termos que lembram canções angélicas, embora refiram-se especificamente à polifonia inaudível do giro dos planetas.

Copérnico mencionou a "dança dos planetas" quando coreografou o universo heliocêntrico, e Kepler, que desenvolveu seu trabalho a partir do de Copérnico, referia-se repetidamente às escalas maior e menor. Em 1599, Kepler deduziu um acorde de dó maior ao equiparar velocidades relativas dos planetas e intervalos reprodutíveis em um instrumento de cordas. Saturno, o planeta mais distante e mais lento, emitia a nota mais grave das seis notas de seu acorde; Mercúrio, a mais aguda.

Na elaboração de suas três leis do movimento planetário, Kepler expandiu a voz dos planetas, de notas simples para melodias curtas — nas quais cada tom representava uma velocidade

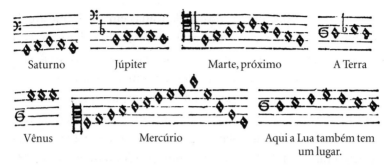

Da lenta velocidade celestial de Saturno no afélio ao afã de Mercúrio no periélio, Johannes Kepler (1571-1630) interpretou o movimento dos planetas como música.

diferente e um determinado ponto ao longo das várias órbitas. "Com esta sinfonia de vozes", disse, "o homem pode tocar a eternidade do tempo em menos de uma hora e, evocando o doce prazer da música que imita Deus, saborear em pequena medida o mesmo deleite do Artista Supremo."

Em seu livro de 1619, *Harmonice Mundi* (A harmonia do mundo), Kepler escreveu numa pauta musical de cinco linhas o tema de cada planeta, com armaduras de clave para cada parte, usando a tablatura oca e losângica do seu tempo. A linha melódica de Mercúrio — acelerada, aguda e altamente excêntrica — ficava sete oitavas acima dos ribombos graves de Saturno, em clave de baixo, que subiam e desciam do chamado sol0 ao si1.

"Sinto-me arrebatado e possuído por um êxtase impronunciável diante do espetáculo divino da harmonia celeste", escreveu Kepler. "Houvesse ar nos céus e ouviríamos música — música real e verdadeira."*

---

* A ópera *Die Harmonie der Welt* (A harmonia do mundo), escrita em 1956-57 por Paul Hindemith, dramatiza o trabalho de Kepler sobre a ordem planetária.

145

As duas espaçonaves *Voyager* lançadas em 1977, que atualmente caminham para os confins do Sistema Solar, levaram essa herança musical ainda mais longe. Como possíveis emissárias para seres extraterrestres, ambas transportam um disco dourado especial (e o respectivo instrumento de reprodução) que reproduz a música das esferas em tons gerados por computador que expressam as velocidades dos planetas solares. O disco interestelar da *Voyager* também diz "alô" em 55 idiomas e contém músicas selecionadas de diversas culturas e compositores, incluindo Bach, Beethoven, Mozart, Stravinsky, Louis Armstrong e Chuck Berry.

Por intenção ou inspiração, Gustav Holst ignorou a ordem estabelecida dos planetas e estreou sua suíte com "Marte, o portador da guerra" em julho de 1914. A verdadeira guerra, que a geração de Holst chamaria de Grande Guerra, irrompeu poucas semanas depois. Em seguida, Holst, que tinha 41 anos na época, mas foi barrado do serviço ativo devido a nevrite e miopia, avançou diretamente para "Vênus, o portador da paz". Assim como foi composta, a execução da suíte completa invariavelmente começa com Marte, caminha para dentro com Vênus e "Mercúrio, o mensageiro alado", volta a afastar-se até Júpiter e segue diretamente para Saturno, Urano e Netuno, quando as vozes de um coral feminino, isoladas numa sala fora do palco, vão pouco a pouco emudecendo no *finale* (sem alteração de tom) graças a uma porta que se fecha lenta e silenciosamente.

O sucesso popular imediato da suíte surpreendeu Holst e transformou-o de um músico consumado num músico de sucesso. Forçado a comentar publicamente *Os planetas*, ele deixou claro que "Saturno, o portador da velhice" — o mais longo dos sete movimentos da peça, com nove minutos e quarenta segundos — era o seu favorito. "Saturno não traz apenas deterioração física", afirmou em defesa do planeta, "mas também uma visão de completitude."

Ao serem avistados pela primeira vez através de um telescópio de fundo de quintal, Saturno e seus anéis, mais do que qualquer outro ícone ultramundano, podem facilmente fazer de um observador desavisado um astrônomo para sempre. O espetacular sistema saturnal de anéis abrange um disco que mede 290 mil quilômetros de uma extremidade (ou *ansa* [asa, alça]) a outra, equivalente à distância da Terra à Lua. No entanto, a espessura média de um anel não é superior à altura de um edifício de trinta andares. Na época de Holst, os astrônomos que tentavam descrever esse intraduzível achatamento recorriam a metáforas como panquecas e discos fonográficos, até que se decidiu usar a analogia de uma folha de cartolina do tamanho de um estádio de futebol. (Desde então, medições mais precisas levaram à substituição da cartolina por papel de seda.)

No festival de 1927 em homenagem a Holst, ocasião em que regeu *Os planetas* pela última vez, ele recebeu de presente uma pintura do céu noturno sobre Cotswolds, região que amava, em que Saturno aparece ao lado de Júpiter e Vênus. O artista, Harold Cox, afirmou ter consultado o astrônomo real sobre as posições corretas dos planetas quando pintou esse retrato de uma noite de maio de 1919 — o ano em que o público ouviu *Os planetas* em concerto pela primeira vez e Holst foi nomeado professor do Royal College of Music. No quadro, Saturno é visto como mero ponto luminoso, menos fulgurante do que Júpiter e Vênus, e sem os célebres anéis — que, é claro, são indiscerníveis a olho nu. Isso, porém, não significa dizer que sejam invisíveis ou estejam ausentes da pintura; pelo contrário, os anéis cintilam graças à reflexão do gelo e da neve que quase triplicam o brilho do planeta. Acredita-se que todos os elementos constitutivos dos anéis, desde minúsculos grânulos de pó até matacões do tamanho de uma casa, sejam no mínimo recobertos de gelo — isto é, se não forem compostos inteiramente de água congelada. Saturno em si, por outro lado, é um gigante gasoso à maneira de Júpiter, constituído de hidrogênio e hélio, só que menor, mais mortiço e duas vezes mais afastado do Sol. Sem o seu entorno de cristais de gelo e flocos e bolas de neve de todos os tamanhos, Saturno dificilmente deslumbraria observadores a mais de 1 bilhão de quilômetros de distância.

Em maio de 1919, os anéis estavam com a face inclinada em direção à Terra, o que muito beneficiava Saturno artisticamente. Contudo, de quinze em quinze anos, mais ou menos, ou duas vezes durante a translação de 29,5 anos do astro em torno do Sol, eles viram de quina para os admiradores terrestres, encobrindo quase toda a sua cativante luminosidade. Esses desaparecimentos periódicos desconcertavam os primeiros observadores dos anéis, pois, mesmo ao telescópio, tudo o que se vê deles nessas ocasiões é uma fina sombra em torno do globo amarelado do planeta.

Galileu, o primeiro a visualizar protuberâncias laterais em Saturno em julho de 1610, interpretou erroneamente as saliências como uma dupla de "companheiros" próximos, que não se moviam como os satélites de Júpiter, mas abraçavam os flancos do planeta, dando-lhe uma aparência "tricorpórea". Ele continuou monitorando o astro nos dois anos seguintes e, no final de 1612, confessou-se perplexo ao ver Saturno subitamente solitário e circular, abandonado por seus antigos parceiros. "O que se pode dizer de tão estranha metamorfose?", escreveu a um colega filósofo. Poderia o planeta Saturno, à maneira de seu homônimo mitológico, ter "devorado os próprios filhos"?

Galileu previu que os companheiros retornariam e, quando isso de fato aconteceu, eles tinham se modificado bastante. Em 1616, afirmou que pareciam um par de alças e, mais tarde, comparou-os com orelhas, mas nunca chegou a entender a natureza fantástica da verdadeira identidade dos anéis. Somente em 1656 o astrônomo holandês Christiaan Huygens atribuiu o formato mutante de Saturno à existência de "um anel largo e achatado, sem ponto de

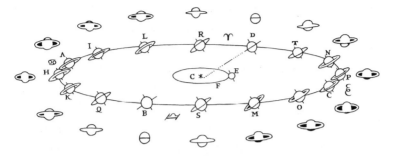

Christiaan Huygens (1629-95) elaborou este diagrama para a edição de 1659 de Systema Saturnium, mostrando como a aparência de Saturno ao longo de sua órbita de quase trinta anos se altera aos olhos de seus admiradores terrestres.

contato, inclinado em relação à eclíptica". Em 1659, Huygens publicou uma explicação completa em seu livro *Systema Saturnium*.*

Huygens sempre se referiu ao "anel de Saturno" como uma única entidade sólida, o que foi aceito até 1675, quando Jean-Dominique Cassini, diretor do Observatório de Paris, detectou uma linha divisória escura que demarcava o anel em duas faixas concêntricas, que denominou "A" (a externa) e "B" (a interna, mais brilhante). Dois séculos se passaram antes que fosse acrescentado um terceiro segmento — o esmaecido anel "C", interno, descoberto em 1850 —, embora ninguém pudesse dizer como ou do que os anéis eram efeitos. Havia discussões aguerridas sobre a estrutura dos anéis e as opiniões variavam desde lâminas sólidas e chusmas de pequenos satélites até rios de líquido orbitante e exalações de vapores planetários.

"Encontrei muitas brechas no anel sólido", jactou-se o jovem escocês James Clerk Maxwell em 1857 em meio a cálculos matemá-

---

* Galileu e Huygens eram exímios tocadores de alaúde e amigos de vários compositores. Huygens também realizou experimentos com uma escala de 31 tons, de temperamento igual, que influenciou a música holandesa até o século xx.

ticos, "e agora estou mergulhado no anel fluido, em meio a um embate verdadeiramente assombroso de símbolos." Convencido de que a gravidade de Saturno despedaçaria uma construção sólida de tal dimensão, Maxwell inferiu que os anéis deveriam ser uma profusão de partículas isoladas tão numerosas que criavam ilusão de solidez à distância. Cada partícula teria forçosamente de seguir uma órbita própria em conformidade com as leis de Kepler, ou seja, as partículas mais distantes do planeta se moveriam mais devagar e as mais próximas mais depressa, do mesmo modo como o próprio Saturno avança laboriosamente em torno do Sol se comparado com o passo acelerado de Mercúrio. (Estarrece a imaginação pensar nas melodias que Kepler teria extraído dessa enxurrada de astros!)

No interior de cada um desses anéis apinhados de partículas, cada uma delas está constantemente empurrando e sendo empurrada por suas vizinhas, e cada solavanco lança-as em órbitas mais largas ou estreitas dependendo da troca de energia e momento. Essas microcolisões também lançam as partículas para cima ou para baixo do plano achatado dos anéis, mas os corpúsculos extraviados são logo arrebanhados de volta.

Desde 1966, quatro outros anéis — designados de D a G — foram acrescentados aos clássicos A, B e C. (Enquanto grupo, suas posições em relação a Saturno — D, C, B, A, F, G, E, de dentro para fora — escarnecem da ordem alfabética de suas descobertas.) Cada região designada por uma letra distingue-se das demais por pequenas variações de cor e brilho, pela densidade das partículas ou por um formato peculiar. Quando vistos da perspectiva privilegiada de uma espaçonave visitante, cada segmento se decompõe numa miríade de delgados microanéis, separados por um número equivalente de microlacunas, sob a vigilância de microssatélites incrustados.

O sistema de anéis provavelmente se formou pela desintegração de uma lua congelada, ou talvez de um planetóide captu-

150

rado, com cerca de cem quilômetros de diâmetro. Esse desafortunado astro, destruído há algumas centenas de milhões de anos, talvez esteja tentando se reconstituir na órbita de Saturno, pois, à medida que suas partículas se atraem e se apegam gravitacionalmente umas às outras, vão formando aglomerados que, por sua vez, atraem outras partículas para continuarem crescendo. No entanto, isso só se dá até certo ponto. Qualquer corpo anelar acrecionário que exceda determinados limites de tamanho volta a ser despedaçado pelas forças de maré de Saturno. Assim, os fragmentos dispersos parecem destinados a jamais se aglutinarem num único satélite outra vez.

A Lua terrestre, que atravessou fase similar como um anel formado por escombros de uma colisão, conseguiu não obstante se recompor, mas isso porque os pedaços orbitavam a uma distância suficiente de nosso planeta para escaparem dos efeitos destrutivos das forças de maré. Em Saturno, os anéis são mais contíguos e ocupam uma região de fragmentação perpétua conhecida como Zona de Roche (em homenagem a Edouard Roche, astrônomo francês do século xix que calculou as distâncias seguras para satélites planetários). Todas as luas maiores de Saturno estão bem além do limite de Roche e fora do perímetro dos anéis. Entretanto, a família estendida de Saturno (no mínimo 34 luas, segundo a última contagem) inclui vários membros menores dentro e em meio aos anéis, que contribuem para esculpir as suas complexidades. O anel F, por exemplo, deve seu contorno particularmente retorcido e estreito à ação de duas pequenas luas adjacentes, uma das quais se move rapidamente pelo lado interno enquanto a outra percorre a face externa. Juntas, atuam como satélites "pastores", arrebanhando em ondulações, nós, tranças e carapinhas as multidões de partículas existentes entre ambas.

Quando a nave *Cassini* alcançou Saturno em meados de 2004, trombeteou sua chegada transpassando em alta velocidade a brecha entre os anéis F e G e planando por toda a ampla extensão do plano do anel antes de mergulhar de volta pelo lado oposto da mesma brecha, de onde emergiu incólume. A relativa vacuidade desses espaços resulta da interação entre os satélites de Saturno e as partículas dos anéis, que obedece às mesmas regras que Pitágoras definiu em seus experimentos com cordas.

Pitágoras mostrara como o tom emitido por uma corda sobe uma oitava se reduzirmos o comprimento da corda pela metade. Tanger cordas de comprimentos proporcionais é agradável aos ouvidos, explicou, porque suas vibrações ressoam numa relação 2:1. Outras relações (ou ressonâncias) entre números inteiros produzem outros intervalos musicais igualmente auspiciosos, como terças, quartas e quintas. Galileu, em seu livro *Duas novas ciências*, ao comentar os efeitos das vibrações eufônicas, julgou as oitavas "um tanto insípidas, sem fremência", ao passo que o som de uma ressonância 3:2 (o intervalo musical de uma quinta) provocava "um comichão nos tímpanos, de tal modo que sua delicadeza é modificada pela vivacidade, dando simultaneamente a impressão de um beijo suave e uma mordida".

O efeito de ressonância mais notável nos anéis de Saturno é a chamada Divisão de Cassini — o hiato de 4,8 mil quilômetros entre os anéis A e B. Essa divisão decorre de uma ressonância 2:1 com a lua Mimas, em órbita a cerca de 65 mil quilômetros de distância. As partículas anelares existentes na Divisão de Cassini dão duas voltas em torno de Saturno enquanto Mimas completa uma revolução, de modo que essas partículas repetidamente ultrapassam a lua vagarosa nos mesmos dois pontos de suas órbitas. De lá, gravitam em direção a ela, até que, por fim, a atração da lua, ampliada pela repetição rítmica, empurra essas partículas para fora da órbita ressonante, esvaziando a brecha. Uma fenda similar, porém mais estreita, perto da borda exterior do anel A, chamada Divisão de Encke (em homenagem a Johann Encke, ex-diretor do Observatório de Berlim), mantém uma ressonância 5:3 com Mimas e uma ressonância 6:5 com outra lua. Além disso, a borda festonada do limite externo do anel A deve seus lóbulos petaliformes à ressonância 7:6 que mantém com dois pequenos satélites que ocupam uma única órbita e talvez tenham sido outrora um só objeto.

Os anéis também reverberam ao ritmo do campo magnético de Saturno, que é gerado no interior de hidrogênio metálico líquido do planeta. Em compasso com a rotação de Saturno — em alta velocidade, portanto —, o campo magnético perfaz um giro completo a cada 10,2 horas. Como resultado, as partículas do anel B que se movem na mesma velocidade, ou duas vezes mais devagar ou mais depressa, são arrancadas de suas órbitas.

Saturno reinou como o único astro anelado por trezentos anos, até que descobertas nas décadas de 1970 e 1980 mostraram que todos os planetas gigantes têm algum tipo de anel. Júpiter possui anéis tênues, transparentes, diáfanos, formados de flocos refugados de diversas pequenas luas. Urano possui nove anéis escuros e estreitos, de bordas bem nítidas, contidos por satélites pastores. E os cinco débeis e poeirentos anéis de Netuno têm espessuras tão irregulares que algumas seções se afilam quase a zero, dando a impressão de arcos anelares parciais. Porém, nenhum desses sistemas recém-identificados pode realmente competir com os anéis barrocos, quase rococó, de Saturno. Cada um deles retrata um único matiz da dinâmica anelar, algum fenômeno presente também em Saturno, onde acabam sendo acabrunhados pela quantidade de variações e ornamentos lá existentes.

Todos os anéis mudam constantemente devido a sucessivas ondas de construção e desconstrução. São os mesmos anéis de um ano para outro — e, todavia, não o são, pois, à medida que se puem e desgastam pelo atrito de colisões internas, novas infusões de poeira lunar e meteoritos cadentes reabastecem suas provisões de partículas.

Cada sistema de anéis, produto da gravidade e da harmonia, sugere um modelo de concepção cósmica. Os anéis rememoram o nascimento da nossa família de planetas, que surgiu 5 bilhões de anos atrás de um disco achatado girando em torno do Sol neonato. Hoje também encontramos ecos de anéis nos chamados discos protoplanetários que foram divisados em torno de algumas jovens estrelas distantes, onde matérias-primas de gás e pó estão se unindo para sintetizar novos mundos. Os anéis de Saturno constituem, pois, um elo entre o nosso Sistema Solar e outros sistemas extra-solares em formação — e entre o Sistema Solar do presente e o seu passado remoto.

"A música", observou Holst numa carta a um amigo, "sendo idêntica aos céus, não trata de emoções momentâneas ou passageiras. É uma condição da eternidade."

Ar noturno

Urano e Netuno

Os Herschel trabalharam durante muitos anos. Os artigos de sir William Herschel, publicados em diversos periódicos científicos, estendem-se por mais de quarenta anos. Os de sir John Herschel abrangem um período de 57 anos — quase o dobro da duração média da vida. Sir William Herschel faleceu com 83 anos de idade; sir John, com 78; e, como que para demonstrar que uma mulher é capaz de viver e trabalhar mais que um homem, Caroline, irmã de sir William, faleceu aos 98 anos de idade.

Será que podemos falar da insalubridade do "ar noturno" quando a classe de pessoas mais expostas a sua influência, cuja vocação as leva a respirá-lo continuamente, são tão longevas? Pois o trabalho do astrônomo prático se dá primordialmente ao relento, no bom ar da noite, não dentro de edifícios de ar mefítico. (Acho que foi Florence Nightingale quem perguntou: "Que ar pode alguém respirar à noite se não o ar noturno?".)

Maria Mitchell (1818-89), astrônoma americana

Hanôver, Alemanha, __ de novembro de 1847

Caríssima srta. Mitchell,

Peço que aceites minhas mais entusiasmadas congratulações por tua recente descoberta. Antes de tua carta chegar, eu já recebera notícias do "cometa da srta. Mitchell" de diversas fontes aqui no continente e também de meu sobrinho* em Londres. Mas fiquei encantada que tivesses lembrado de mim em teu momento de glória e te dado ao trabalho de compartilhar teu triunfo com uma velha senhora. Há, deveras, um laço especial que nos une, como afirmas. Embora meu telescópio seja hoje apenas o principal ornamento da sala de estar, foi graças a ele que pude observar tantos e tantos cometas que emergiram das trevas, com aparência fosca e vestes prosaicas a princípio, mas crescendo ao se aproximarem, até que, perto do Sol, desabrochassem grandes calotas nebulosas e espalhassem suas caudas como se fossem os pavões do cosmos.

Sinto-me particularmente gratificada ao saber que o novo cometa guardará teu nome, srta. Mitchell, pois tal fama assegurar-te-á o futuro melhor do que tudo. Um de meus cometas levou o nome do prof. Encke, que calculara sua órbita e previra seu retorno.** Mas restaram-me ainda sete outros "cometas feminis", embora eu de nenhum necessitasse, visto que o nome de meu irmão é como uma égide sobre mim, para não falar na pensão real que recebo por ter sido sua assistente. Tu, no entanto, és jovem e sozinha num jovem país, e a descoberta de teu cometa certamente

---

* O sobrinho de Caroline Herschel, sir John Herschel (1792-1871), foi presidente da Royal Astronomical Society e filho do renomado astrônomo sir William Herschel (1738-1822), que descobriu o planeta Urano em 1781.

* * O cometa em homenagem a Johann Franz Encke (1791-1865), que se tornou diretor do Observatório de Berlim em 1825, retorna a cada 3,3 anos.

sobrepuja o emprego que tens na biblioteca de Nantucket, seja por mitigar as preocupações de tua família quanto a teu bem-estar, seja por despertar a consideração do mundo para teus talentos.

Do mesmo modo como teu pai — bendito seja — encorajou tuas aspirações, meu irmão também apoiou-me nas minhas, embora eu confesse que a avaliação mais correta seria que ele me treinou porque precisava de alguém hábil e competente que o assistisse e fosse capaz de labutar horas tão longas a seu lado que nenhum empregado, serviçal ou escravo suportaria. A ironia é que, embora fosse o braço direito de William em suas investigações astronômicas e mantivesse todos os registros noturnos oficiais, eu estava AUSENTE naquela noite em particular, na semana de meu aniversário, em que ele descobriu o "cometa" que hoje temos o prazer de chamar de planeta Urano.*

William não estava em busca de um planeta, é claro, pois era quase artigo de fé para nós que somente seis planetas orbitavam o Sol. Quando suas varreduras dos céus revelavam algo borrado ou indistinto, algo que se destacasse dos pontos luminosos das estrelas, ele naturalmente se perguntava se havia se deparado com um novo cometa que pudesse reivindicar para si, um outro cometa já avistado numa visita de retorno, ou algum dos objetos nebulosos mais misteriosos que tanto ocupavam sua atenção.

Tu, srta. Mitchell, já saboreaste a promessa de ser a primeira a avistar tal possibilidade e vivenciaste teus próprios momentos de ansiedade à espera da próxima noite sem nuvens que te permitisse voltar teus olhos ao mesmo ponto do céu, com o coração cheio de esperança de que aquela mancha não permanecera estacionária onde a tinhas deixado, mas houvesse vagado por entre as estrelas,

---

* Sir William observou pela primeira vez o que provaria ser o planeta Urano em 13 de março de 1781, três noites antes do trigésimo primeiro aniversário de sua irmã. No dia 17, ele confirmou o movimento do objeto.

testificando com seu movimento: "Sou um cometa, sim, e, por haveres me apreendido, talvez possa vir a ser teu!".

O dr. Maskelyne foi o primeiro a confirmar a descoberta de William, embora tenha declarado que se tratava do cometa mais estranho que já vira — sem cauda, sem coma e com um disco perturbadoramente bem definido. Creio que até já suspeitasse que William encontrara um planeta, não um cometa, o que é algo verdadeiramente extraordinário para um astrônomo real. O bom dr. Maskelyne não tinha propensão a saltos criativos,* pois, é claro, o cargo de astrônomo real não exige imaginação; requer precisão em mapear os céus, no que o dr. Maskelyne era exímio. No entanto, ele parecia disposto e até ansioso para aceitar um novo planeta. Quem poderia ter imaginado isso a seu respeito?

Foi ele quem insistiu para que William redigisse uma monografia para a Royal Society, a qual William intitulou simplesmente "Relato de um cometa" e foi lida em voz alta por um membro na reunião de abril da sociedade em Londres. William, porém, ficara em Bath, pois continuava trabalhando em tempo integral como organista da capela Octagon — além disso, a descoberta inadvertida do "cometa" interrompera um programa cheio de observações estelares e medição das separações entre estrelas binárias. Embora declinássemos a ida a Londres, logo grande parte de Londres veio até nós, para visitar nossa modesta casa, o laboratório no porão e o telescópio de sete pés instalado no jardim.**

---

* O reverendo dr. Neville Maskelyne (1732-1811) foi o quinto astrônomo real da Inglaterra, posto que ocupou de 1765 até a morte. Ao confirmar um dos vários planetas descobertos por Caroline Herschel, chamou-a de "minha mui digna irmã em astronomia".

** A pequena casa georgiana dos Herschel, na New King Street, número 19, em Bath, Inglaterra, tornou-se o Museu William Herschel e está hoje aberta ao público. O chamado "Uranus telescope" tem sete pés, ou 2,13 metros, um espelho de quinze centímetros e encontra-se atualmente no Science Museum de Londres.

Pouco depois de o cometa ter despertado nosso interesse, ele aparentemente decidiu tirar umas férias de verão, permaneceu vários meses no céu diurno, longe de nossos olhos, de modo que ninguém pôde efetuar as observações necessárias para determinar sua órbita. Quando retornou no final de agosto, todos os nossos olhos voltaram-se para ele — e devo dizer que a essa altura William e eu estávamos acompanhados por metade dos astrônomos da Europa e também da Rússia. Noite após noite, empenhamo-nos ao máximo para ajustar nossas observações ao longo da trajetória parabólica típica dos cometas, mas o objeto recusava-se a obedecer às nossas regras e movia-se num arco obstinadamente circular. Durante todo o outono, recusou-se a abrilhantar para nós e negou-nos o prazer de vê-lo desabrochar sua cauda. Em novembro, a verdade finalmente se evidenciou: o cometa era, na realidade, um planeta duas vezes mais distante que Saturno!

Como esforcei-me para explicar-te, srta. Mitchell, nosso momento de "eureca!" sucedeu a detecção do astro em mais de meio ano. William deslindara algo que acabou se revelando outra coisa bem diferente. Quando a magnitude de seu feito ficou clara e se espalhou a notícia de que ele havia de um só golpe duplicado a largura do Sistema Solar com esse planeta longínquo, o rei George ofereceu sua proteção oficial, que incluiu um generoso estipêndio, equivalente a cerca de dois terços do salário do dr. Maskelyne. Afinal, o planeta não poderia ter chegado em hora mais propícia, em vista da recente perda das colônias da Coroa na América.

William, saudado universalmente como o primeiro homem da história a descobrir um planeta, parou de dar aulas de música e de se apresentar em concertos, e decidiu tornar-se astrônomo de corpo e alma. Na França, não poucos fizeram campanha para que o novo achado se chamasse "planeta Herschel", como o teu se chama "cometa Mitchell". Homens que nunca tinham ouvido falar de William admitiam que os telescópios dele deixavam humilhados os instrumentos de todos os grandes observatórios. Nem um único visitante deixou nossa casa sem se comover com os artefatos que William construíra com suas próprias mãos e às suas próprias custas. Poucas foram as cartas de congratulação que não incluíram um pedido para que William vendesse um desses instrumentos. Mas essa adulação toda não lhe subiu à cabeça e ele nem queria ouvir falar em um "planeta Herschel". Nós dois sentíamos que, embora não houvesse problema algum que cometas levassem o nome de seus descobridores — pois tal prática tinha precedentes em nosso campo e o número de cometas poderia ser legião —, a nomeação de um planeta, por ser uma ocasião incomparavelmente mais rara, demandava um critério diferente.

William sugeriu "Georgium Sidus", "estrela de George", em reconhecimento à beneficência do rei, mas logo apontaram que referências a lealdades nacionais não condiziam com um corpo celestial. Muitos outros nomes vieram à tona antes que a idéia de "Urano" ocorresse a Herr Bode em Berlim, que buscou fundamentação na mitologia.*Bode publicava uma efeméride anual, o que lhe conferia uma voz influente em tais decisões, mas, mesmo assim, o planeta continuou atendendo por três nomes — "Urano" na maior parte da Europa, "Herschel" na França e "o Georgiano" na Inglaterra — por SESSENTA ANOS antes que "Urano" se tornasse corrente. Nesse ínterim, um prodigioso pesquisador químico — outro alemão, chamado Klaproth — extraiu da pechblenda um metal ao qual deu o nome de "urânio". Ele explicou que os alquimistas de outrora costumavam dar nomes de planetas a seus metais e acreditava que o novo planeta merecia um metal batizado em sua honra.**

---

* Johann Elert Bode (1747-1826), editor do *Berliner Astronomisches Jahrbuch*, tornou-se diretor do Observatório de Berlim em 1786.

** O químico analítico Martin Heinrich Klaproth (1743-1817) isolou e batizou o urânio em 1789.

O foco das atenções astronômicas continuou sendo a determinação da órbita do planeta, qualquer que fosse seu nome. Também nos perguntamos como Urano pudera escapar de detecção antes, pois, embora William o houvesse avistado através de um excelente telescópio, outros astrônomos não tiveram dificuldade em localizá-lo com instrumentos inferiores depois de saberem onde procurar.

Isso sugeriu que registros antigos talvez contivessem preciosas anotações sobre posições passadas do planeta, feitas inocentemente por observadores que o confundiram com uma estrela. Herr Bode, possivelmente por sua dedicação a anuários cheios de tabelas, assumiu essa tarefa e seu esforço não demorou a ser recompensado. Ele encontrou um mapa celeste de 1756 que incluía uma estrela que já não podia ser vista nas coordenadas especificadas. O local indicado encontrava-se agora vazio, mas o rastro do planeta Urano, na medida em que é possível descrevê-lo, teria passado exatamente naquele ponto naquele ano. Agradavelmente gratificado, Bode saiu correndo para encontrar outras menções antigas ao nosso novo planeta. De fato, William não fora o primeiro a tomar Urano pelo que ele NÃO é! O venerável sr. Flamsteed o listara em seu catálogo estelar de 1690, na constelação de Touro.* Esse registro, no entanto, não foi tão contundente, pois ninguém conseguiu encaixar a estrela do sr. Flamsteed — hoje desaparecida — na trajetória de Urano tal como a compreendíamos. Muitos sentiram-se tentados a relegar as informações de Greenwich, atribuindo a discrepância ao descuido, à desatenção ou a um telescópio antiquado. Eu, porém, conhecia a fundo o catálogo de estrelas do sr. Flamsteed, um renomado observador em seu tempo e a quintessência do astrônomo real (talvez ainda mais per-

---

* John Flamsteed (1646-1719) tornou-se o primeiro astrônomo real da Inglaterra em 1675, ano em que o Observatório Real foi inaugurado em Greenwich Park.

feccionista por natureza do que seus sucessores), e parecia-me improvável que ele houvesse errado em suas anotações. Podes bem imaginar o dilema astronômico: de um lado, precisávamos desesperadamente de dados antigos que ajudassem nossos cálculos, pois o longínquo Urano move-se com penoso vagar e ninguém acalentava a idéia de passar setenta ou oitenta anos acompanhando sua trajetória em torno do Sol! De outro, se as observações antigas transtornavam as noções atuais mais aprimoradas do formato da órbita uraniana, qual seria a sua serventia?

Enquanto nosso novo planeta continuava em suas estranhas peregrinações, William construía telescópios cada vez maiores. Foi através de um desses novos instrumentos, numa noite de janeiro de 1787, quando o termômetro marcava 13 graus Fahrenheit [−10 graus Celsius], que William descobriu as duas luas de Urano. Ele nunca chegou a propor nomes específicos para esses astros, nem para os dois satélites que descobriria dois anos depois em Saturno, mas meu sobrinho, que havia sido um rematado literato antes de seguir os passos do pai na astronomia (talvez conheças a tradução que John fez da *Ilíada*), batizou-os todos. A nomenclatura do sistema saturnino envolve apenas mitos greco-romanos, mas John extraiu os nomes das luas uranianas de Shakespeare! Como bibliotecária bem lida, srta. Mitchell, certamente reconhecerás em Oberon e Titânia o rei e a rainha das fadas de *Sonho de uma noite de verão*, mas crê-me que a alusão passou despercebida de muitos astrônomos.

Anos e anos passaram e continuamos observando o planeta de William movendo-se furtivamente pelo céu, mas as deploráveis dificuldades de sua órbita só pioraram. Quanto mais novas observações acumulávamos, quanto mais antigas mensurações antigas extraíamos de arquivos de observatórios, menos conseguíamos conciliá-las. Embora a maioria dos astrônomos fosse capaz de determinar o paradeiro de Júpiter ou Saturno até o fim dos tem-

Da plataforma de observação de seu maior telescópio, que ostentava um tubo de doze metros e um espelho de 1,2 metro de diâmetro, sir William Herschel (1738-1822) comunicava-se por meio de um sistema de tubos com sua irmã, Caroline, instalada no casebre abaixo. Dois trabalhadores eram necessários para virar o instrumento em sua base giratória. Através desse telescópio, sir William descobriu o sexto e o sétimo satélite de Saturno, Encélado e Mimas, em 1789.

pos, parecia impossível prever onde Urano estaria mesmo dali a um ou dois anos. Com isso, a beleza extrema da contribuição do grande Newton parecia maculada pelo comportamento recalcitrante do astro.

Lamento dizer, mas as coisas continuavam irresolvidas quando William faleceu, quarenta anos depois de descobrir o seu planeta. Foi quando deixei a Inglaterra e voltei a Hanôver para viver com meu irmão, Dietrich. Nem ele nem eu percebêramos ainda que a duração da vida de William fora idêntica ao período orbital de Urano, 83,7 anos. (Não julgas esta uma coincidência extraordinária, srta. Mitchell?!) Sabíamos apenas que os desacertos entre as previsões e as observações iam se tornando cada vez mais notórios. A última explicação a chegar aos ouvidos de William antes de ele nos deixar sugeria que um planeta de grandes proporções chocara-se com Urano pouco antes da sua descoberta e que o impacto alterara a trajetória de sua órbita. Essa suposta colisão bastaria para explicar a discrepância entre os dados antigos e atuais, embora parecesse uma solução imaginativa demais para ser factível — lembrava mais um recurso do teatro shakespeariano, ou da tragédia grega, pelo qual deuses descem em alguma engenhoca para amarrar as pontas soltas do enredo.

Embora alguns astrônomos tenham aceito de bom grado a idéia do impacto, o fato é que, pouco depois da morte de William, as previsões orbitais baseadas na teoria da colisão de um cometa TAMBÉM se mostraram incapazes de traçar a verdadeira rota de nosso planeta. Nada restava aos matemáticos, imagino, senão insistir que haveria um outro grande planeta movendo-se às escondidas nas profundezas cósmicas, para além de Urano, desvirtuando-lhe a trajetória. William certamente teria aplaudido a diligência que permitiu discernir um novo mundo antes de ele ser visto no firmamento, graças apenas à imaginação humana e ao trabalho puro do intelecto com papel e lápis! O que diria ele da notícia de que dois jovens e hoje célebres cavalheiros, independentemente um do outro, descobriram o mesmo novo planeta sem nunca haverem se debruçado sobre um telescópio, sem que soubessem sequer em qual extremidade fica a ocular?* Pensa, srta. Mitchell, nas proezas de computação necessárias para construir a partir do nada a órbita de um corpo que não se sabia ainda existir. Pensa na estonteante gama de possibilidades que precisaram ser conclamadas e depois testadas uma a uma para induzir esse corpo hipotético, em viagens hipotéticas, a assumir responsabilidade por todos os caprichos e idiossincrasias de Urano. Ouvi dizer que o sr. Leverrier gastou 10 mil folhas de papel em seus cálculos — nem por um momento duvido de tal estimativa e tenho certeza de que o sr. Adams não deve ter trabalhado menos. Mas fico pasma, srta. Mitchell, que depois de tão imenso labor, em que cada homem perseverou alheio à labuta do outro, ambos precisaram IMPLORAR aos principais astrônomos de seus respectivos países que apontassem os telescópios para as cercanias do céu onde o planeta proposto poderia ser encontrado.

Que o atual astrônomo real tenha praticamente ignorado o inexperiente sr. Adams, que nunca publicara obra alguma, é algo lamentável porém compreensível.** O sr. Leverrier, por outro lado, já desfrutava de fama e distinção nas associações científicas parisienses e havia inclusive PUBLICADO a posição prevista do planeta; no entanto, também ele NÃO conseguiu obter a cooperação do observatório de seu país. (Srta. Mitchell, será que, por acaso, fizeste

---

* Em 1845, os astrônomos teóricos Urbain Jean-Joseph Leverrier (1811-77) e John Couch Adams (1819-92), separadamente, concluíram com êxito seus cálculos que mostravam que um grande planeta exterior poderia explicar as irregularidades do movimento de Urano.
** O sétimo astrônomo real, sir George Biddel Airy (1801-92), é lembrado pelo modo autocrático como dirigiu o Observatório Real em Greenwich e por haver supostamente privado a Inglaterra da primazia na descoberta de Netuno.

parte do pequeno quadro de astrônomos independentes que atenderam ao apelo do sr. Leverrier? Soube que vários astrônomos americanos tentaram localizar o planeta seguindo as suas instruções.) Por fim, o persistente sr. Leverrier logrou evitar os canais oficiais graças a um pedido por escrito feito ao jovem dr. Galle, um SUBALTERNO do Observatório de Berlim. Galle, que concluíra havia pouco seus estudos de pós-graduação, tivera a boa fortuna de observar o cometa Halley em 1835 e o bom senso de enviar sua tese para Leverrier, de modo que um laço de afinidade se formara entre ambos.* (Menciono esses detalhes, srta. Mitchell, para insistir que sempre anuncies tuas descobertas tão logo seja possível, não apenas para que recebas o crédito que te cabe, mas porque nossa ciência só pode prosperar se as informações forem compartilhadas.) Galle certamente sabia que perderia o seu cargo se, sem permissão, apontasse o telescópio na direção intuída por Leverrier e, portanto, deve ter apelado ao prof. Encke com uma combinação exata de convicção e obsequiosidade. Felizmente para todos, Encke estava com pressa naquela noite, pois queria voltar logo para casa, onde comemoraria seu aniversário. Não fosse a correria dos preparativos para a festa, é possível que tivesse negado permissão.

Imagina agora a cena mais tarde naquela noite, quando Galle e seu assistente, esbaforidos e sem serem anunciados, chegam à casa de Encke para avisá-lo de que haviam ENCONTRADO o planeta de Leverrier! Enquanto isso, na Inglaterra, sem que ninguém soubesse, outra dupla de astrônomos saíra ao encalço do suposto novo planeta numa BUSCA SECRETA que acabou sendo, enfim, autorizada pelo astrônomo real. E pergunto a ti, srta. Mitchell, onde estava essa grande personagem, o astrônomo real, na noite em que o novo pla-

---

* Johann Gottfried Galle (1812-1910) mais tarde sucederia a Encke como diretor do observatório e viveu o suficiente para contemplar o cometa Halley uma segunda vez, em 1910.

neta fez sua entrada no palco mundial? Ora, o sr. Airy estava aqui, na Alemanha (!), talvez não muito longe da estrada por onde Galle saíra em disparada com sua notícia extraordinária! A situação possui todos os elementos de uma farsa, não fosse o fato de constituir o mais impecável testemunho da validez das leis de Newton.

Diante das heróicas façanhas matemáticas de Adams e Leverrier e da assombrosa confluência e sincronia de fatos, as observações em si do planeta feitas por Galle ao telescópio poderiam ser consideradas quase anticlimáticas. Tenho certeza, porém, de que serão um marco em sua carreira e, não importa o que mais venha a realizar na vida, será para sempre conhecido como o primeiro homem a avistar Netuno — ou "Oceanus" ou "Leverrier" ou qualquer que seja o seu nome, embora aqui estejamos satisfeitos com "Netuno".

Meu sobrinho poderia ter muito bem precedido Galle, fazendo de Urano e Netuno um par de descobertas de pai e filho (!), pois em julho de 1830 as investigações de John o haviam levado justamente até essa região do céu — até a rua e o número da casa de Netuno, se preferires, faltando apenas bater em sua porta. O bom coração de John impediu-o de expressar qualquer arrependimento pessoal por esse lapso e, por outro lado, ajudou-o a mitigar a terrível querela internacional deste último ano entre França e Inglaterra em torno da posse do território netuniano. Pelo que John me contou, o sr. Adams identificara o planeta com precisão pelo menos dez meses antes do sr. Leverrier; no entanto, comunicou o fato apenas a seu superior em Cambridge e ao astrônomo real em Greenwich. Como resultado desse silêncio precavido, foram-lhe negados os lauréis a que teria direito — e, embora aceite com galhardia o segundo lugar, seus compatriotas prefeririam vê-lo condecorado como herói. (E não poucos gostariam de enviar o sr. Airy para o cadafalso!)

No entanto, dizem-me não haver rancor entre os dois principais protagonistas, pois o sr. Adams e o sr. Leverrier sentiram imediata afinidade quando finalmente se encontraram em Oxford no último mês de junho, e a amizade entre ambos só aumentou quando estiveram na casa de meu sobrinho no dia 1º de julho. Imagino que a intensidade de uma obsessão comum os una: são tão atraídos entre si quanto o seu planeta e o planeta de meu irmão estão submetidos às leis da mecânica celeste. Durante muito tempo, ambos permaneceram ignorantes da existência um do outro e trabalharam independentemente, assim como Urano e Netuno não pareciam ser afetados um pelo outro enquanto permaneciam separados pelas vastas distâncias que suas órbitas permitem. Porém, pouco depois de meu irmão descobrir Urano, seu planeta aproximou-se dos arredores de Netuno, onde os dois corpos — um na ribalta, outro nos bastidores — revelaram ao mesmo tempo toda a força da sua atração mútua.

Em retrospecto, é fácil entender por que Urano começou a acelerar cada vez mais a partir da época de sua descoberta em 1781, até entrar em conjunção com o ainda INVISÍVEL e muito mais LENTO Netuno em 1822. Quando Urano alcançou Netuno (no mesmo ano em que a morte alcançou meu William), iniciou-se sua gradual desaceleração, a qual precipitou a crise que levou Adams e Leverrier, cada um por motivos próprios, a estudar o PROBLEMA COM URANO, que eles demonstraram ser A EXISTÊNCIA DE NETUNO.

Mencionei anteriormente que os anos de vida de William equivaleram ao ciclo de seu planeta; por outro lado, é certo que, devido à lentidão de seu andar, o ciclo de Netuno ultrapassará a duração conjunta das vidas de Adams e Leverrier — e talvez a de Galle também.*

---

* Netuno demora 164 anos para completar uma única órbita — mais do que os 66 anos da vida de Leverrier somados aos 73 da vida de Adams, mas os 98 anos de Galle fazem pender a balança.

Agora a lua recém-descoberta de Netuno obriga nossos dois calculadores-mor a continuarem suas considerações. Com que rapidez esse corpo despontou, oferecendo-se como o veículo perfeito para refinar-lhes as estimativas necessariamente grosseiras da massa de Netuno!* Não havia como Adams e Leverrier não superestimarem a massa do hipotético Netuno, pois ambos superestimaram sua distância do Sol. No entanto, considerando-se o modo como os corpos coadunam massa e distância sob a lei da gravidade, tudo que é bom acaba bem: um Netuno menor e mais próximo pode exercer tanto poder real quanto um maior e mais distante na teoria. Esse novo entendimento revela que Netuno é o irmão gêmeo de Urano, ao menos no que diz respeito às suas massas.

Quanto tempo imaginas será necessário para que mais fatos de suas vidas planetárias sejam descortinados, srta. Mitchell? Quando saberemos dizer quais metais lá revolvem e quais gases respiram? É certo que descobertas vindouras em astronomia exigirão telescópios cada vez maiores e mais potentes. Mesmo que mentes brilhantes intuam as posições de novos planetas com base apenas em teoria e cálculos, creio que precisaremos de grandes instrumentos que espreitem esses mundos deduzidos e arranquemnos do domínio da invisibilidade. O maior refletor de William tinha doze metros de comprimento e um espelho de 1,2 metro de diâmetro, mas a enorme lente embaciava-se tão facilmente que William abandonou-o em troca de um instrumento menor e mais maleável. Meu sobrinho aposentou oficialmente esse ciclope de quarenta pés alguns anos atrás, no Natal, quando se juntou a Margaret e todos os seus filhos no interior do tubo do instrumento

---

* Semanas após Netuno ter sido avistado pela primeira vez (em 23 de setembro de 1846), o astrônomo amador William Lassell (1799-1880), de Liverpool, descobriu a sua maior lua, Tritão (em 10 de outubro). Outros astrônomos confirmaram a descoberta em julho do ano seguinte.

para cantarem uma balada que compusera para a ocasião. Mas prevejo que artífices mais hábeis logo surgirão, talvez ainda durante a nossa vida, com projetos maiores e mais ousados, capazes de ir muito além dos limites já arrojados de William e coletar vastos oceanos de luz do espaço. Em antecipação ao que ainda poderemos testemunhar e renovando minhas mais sentidas congratulações, permaneço a teu dispor.

Atenciosamente,
Carolina Lucretia Herschel

PÓS-ESCRITO

A srta. Herschel e seu irmão sempre afirmaram que a descoberta de Urano não fora um acidente feliz, e sim fruto de longos anos dedicados à construção de um instrumento superior e ao seu uso para observação.

"Fazer alguém enxergar com tamanha potência", escreveu sir William, "é quase como se me pedissem para fazê-lo tocar uma das fugas de Haendel nesse órgão."

Quando os anéis do planeta apareceram inesperadamente dois séculos depois, essa descoberta também foi qualificada como acidental. Mas, para que essa surpresa "fortuita" se materializasse, foi preciso que dez astrônomos ávidos por obter medidas exatas de Urano se espremessem no compartimento de carga de um observatório aerotransportado sobrevoando o oceano Índico e observassem a passagem prevista do planeta em frente a uma estrela.

Cerca de meia hora antes de Urano eclipsar a estrela, em 10 de março de 1977, a estrela pestanejou momentaneamente. E piscou de novo, diversas outras vezes, até que o planeta obscurecesse por completo sua luz por 22 minutos. Quando a estrela ressurgiu por detrás do disco do planeta, voltou a tremeluzir, repetindo o mesmo padrão liga-desliga de antes, só que invertido agora, como se houvesse encontrado do lado oposto a imagem espelhada dos mesmos obstáculos. Estupefatos, antes mesmo que o seu vôo histórico pousasse, os astrônomos começaram a discutir animadamente entre si sobre a possibilidade de haver anéis em torno de Urano, embora prudência e incredulidade protelassem um anúncio público dos anéis por vários dias.

O próprio sir William mencionou certa vez ter visto um anel no planeta que descobriu, embora tivesse mais tarde voltado atrás, julgando ter se equivocado. É impossível que tenha vislumbrado esses aros ultra-escuros, ultrafinos, de rocha e pó glacial compactado, mesmo com o melhor de seus excelentes telescópios, pois os anéis de Urano refletem pouquíssima luz visível. Só revelaram a sua presença ao bloquearem a luz de uma estrela — e continuaram sendo nove sombras invisíveis durante toda a década seguinte, até serem visitados e fotografados de perto.

Naturalmente, os anéis circundam a parte mais larga do planeta, o equador. Mas Urano, que éons atrás sofreu um golpe violentíssimo de algum objeto gigantesco, reclina-se sobre o equador. Como resultado, os anéis não o circundam horizontalmente, como os de Saturno, mas permanecem eretos, perpendiculares, dando ao astro a aparência de um alvo pendurado no céu. Ao avizinhar-se do planeta em janeiro de 1986, foi esse alvo que a *Voyager 2* perpassou, como se fosse uma flecha numa trajetória de impacto quase direto.

Essa espaçonave descobriu dois outros tênues anéis em torno de Urano e dez pequenos satélites. Os astrônomos já haviam previsto um grande entourage de pequeninas luas para sustentar as bordas nítidas dos anéis uranianos, e o aluvião inesperado de corpos reais forçou-os a tirarem Shakespeare da gaveta. Cordélia, Julieta, Ofélia, Desdêmona e outras personagens foram convocadas para junto de Titânia, Oberon e três outras luas já conhecidas. Telescópios avançados na superfície e na órbita da Terra já trouxeram à luz outros satélites menores de 1992 para cá, devidamente batizados com nomes de magos, monstros e personagens secundários de Shakespeare.

A maioria dessas luas é tão escura quanto os anéis, como se fossem recobertas de fuligem. Talvez a mesma colisão que verticalizou Urano tempos atrás tenha provocado um choque químico em seus compostos de carbono e erguido poeira preta em quantidade suficiente para turvar todas as suas companheiras.

Em contraste com as luas e anéis sombrios, Urano em si parece uma pálida pérola verde-azulada, luminosa e luminescente. Seu quase-gêmeo, Netuno, é de beleza mais complexa, com suaves listras e manchas em tons de azul: real, marinho, celeste, turquesa e água-marinha. Em ambos os planetas, a atmosfera superior é salpicada com cristais congelados de metano, que absorvem os comprimentos de onda vermelhos da luz solar e refletem os verdes e azuis de volta ao espaço.

Debaixo desses céus azulados de hidrogênio e hélio, nem Urano nem Netuno possuem superfícies sólidas. Seus gases atmosféricos cedem lugar a gases internos que se tornam progressivamente mais espessos e comprimidos devido ao aumento da pressão nos níveis mais profundos, culminando num núcleo de gelo e rocha congelada.

Urano e Netuno constituem uma classe própria de objetos do Sistema Solar: os "gigantes gelados". A massa de ambos excede, em muito, a da Terra (a de Urano é quinze vezes maior; a de Netuno, dezessete), mas eles definham perto dos "gigantes gasosos", Júpiter (massa de 318 Terras) e Saturno (95). Os gigantes gelados poderiam ter crescido mais, se não houvessem se alinhado atrás dos gigantes gasosos durante a grande festa primordial de acreção planetária.

Os "gelos" que caracterizam as atmosferas profundas de Urano e Netuno são de água, amoníaco e metano. Cientistas planetários chamam esses compostos de "gelo" porque solidificam em baixas temperaturas. No interior de Urano e Netuno, como dentro de uma panela de pressão, esses gases formam um caldo de água-amoníaco-metano e certamente fervilham. Mas essa sopa quente ainda se qualifica como "gelo" na linguagem dos cientistas planetários, como "fogo gelado e neve cor de azeviche" em *Sonho de uma noite de verão*.

Na conturbação interna do manto dos planetas, onde gelos ferventes misturam-se com restos de rocha derretida, o giro de Urano e Netuno desperta correntes elétricas que geram campos magnéticos globais em torno de ambos os mundos.

Urano e Netuno têm uma taxa de rotação similar (dezessete e dezesseis horas, respectivamente), mas nada poderia ser mais dissimilar que o transcorrer de seus dias, pois a postura incomum de Urano, meio "de bruços", ataranta o significado dos dias na passagem das estações. Deitado de lado e levando quase 84 anos terrestres para completar uma única revolução, Urano permanece vinte anos de cada órbita com o pólo sul voltado para o Sol e, mais tarde, outros vinte anos com o pólo norte nessa direção. Nessas ocasiões, a rápida rotação do planeta impede que se crie um ciclo de luz e trevas; cada "dia" (ou "noite") dura duas décadas. Inversamente, ao longo dos dois outros períodos de vinte anos, em que o Sol atinge Urano no equador, os dias reduzem-se a cerca de oito horas, seguidos de noites de igual duração.

A inclinação de Netuno — 29 graus, semelhante à da Terra, Marte e Saturno — garante uma duração mais consistente dos dias no transcurso do seu ano exorbitantemente longo, equivalente a 163,7 anos terrestres e quase o dobro do ano uraniano.

Pouquíssima luz ou calor solar atravessa os quase 2,9 bilhões de quilômetros até Urano e menos ainda chega a Netuno, 1,6 bilhão de quilômetros mais além. No entanto, a alta atmosfera de ambos registra a mesma baixa temperatura. Essa semelhança ressalta uma importante diferença entre os dois: Netuno, mais distante, gera consideravelmente mais calor interno.

O calor de Netuno engendra padrões climáticos ativos, com tempestades soturnas e nuvens brancas percorrendo a imensidão azul do planeta, sopradas por ventos ligeiros. Algumas dessas tempestades lembram, em tamanho e formato, a Grande Mancha Vermelha de Júpiter, embora pareçam mudar livremente de forma ao girarem. Também vagueiam de uma latitude para outra, dissipando-se à medida que avançam, em vez de permanecerem confinadas numa região específica.

Antes da *Voyager 2* aproximar-se de Netuno em 1989, o planeta tinha apenas duas luas conhecidas. A maior, observada pela primeira vez por William Lassell em 1846 e mais tarde batizada de Tritão (deus marinho, filho de Poseidon/Netuno), assombrou seu descobridor por orbitar o planeta *"para trás"*. Netuno provavelmente capturou essa lua — um corpo do tamanho de Plutão — e forçou-a à submissão orbital. A segunda lua, Nereida (uma ninfa marinha), foi descoberta e nomeada por Gerard Kuiper em 1949.*

A *Voyager 2* encontrou seis pequenos satélites escuros orbitando perto ou em meio aos anéis gelados, obscuros e empoeirados de Netuno. Essas luas — Náiade, Talassa, Despina, Galatéia, Larissa e Proteu (todas divindades marinhas) — fazem com que as partículas dos anéis se agrupem em grumos desordenados. À distância, vistos em silhueta contra o pano de fundo das estrelas, os anéis criam a impressão de arcos fragmentários, pois bloqueiam a passagem de luz das estrelas em um lado do planeta ou de outro, mas não de ambos. Somente com uma inspeção mais acurada as

---

* O astrônomo holando-americano Gerard Peter Kuiper (1905-73) costuma ser considerado o pai da ciência planetária moderna.

curvas parciais se juntam, por meio de finas pontes conectoras, e formam anéis completos.

Embora nenhuma nave tenha visitado os gelados gigantes desde a década de 1980, houve recentemente uma aceleração das descobertas acerca de Urano e Netuno, graças a observações feitas na Terra e perto da Terra usando radiação infravermelha — a região do espectro eletromagnético descoberta por sir William Herschel em 1800.

Por meio de um experimento com termômetros e um prisma, sir William determinou a temperatura das diversas cores da luz solar observando que o nível de mercúrio subia progressivamente do violeta ao vermelho, e que *continuava subindo* ao tomar a temperatura do que chamou "luz invisível" ou "raios caloríficos", para além do vermelho. Mas ele nunca conseguiu aplicar essa importante descoberta em suas pesquisas astronômicas, porque o vapor d'água da atmosfera terrestre — o mesmo inimigo temido que fazia sir William esfregar cebolas na pele para espantar calafrios no úmido ar noturno — bloqueia a maior parte das emissões infravermelhas de planetas e estrelas.

Telescópios orbitais, por outro lado, transcendem a interferência da umidade atmosférica. De uma posição privilegiada seiscentos quilômetros acima da superfície, a câmera infravermelha do telescópio espacial Hubble vem acompanhando as mudanças recentes ocorridas nos gigantes gelados. Grandes telescópios terrestres especialmente equipados, instalados em altitudes elevadas no Havaí e no Chile, hoje também conseguem coletar e amplificar os poucos comprimentos de ondas infravermelhas que chegam a penetrar a atmosfera da Terra. Fotografias detalhadas tiradas do mesmo objeto a lapsos regulares de tempo mostram que uma cobertura escura espalha-se sobre o pólo sul uraniano à medida que o verão vai lentamente chegando ao fim lá, e que grandes nuvens brilhantes estão se formando no hemisfério norte. Com a chegada da nova estação, os finos anéis do planeta voltam as arestas para a Terra e, se já não houvessem sido descobertos em 1977, certamente se esquivariam de detecção hoje. Em Netuno, por sua vez, o atual acúmulo de novas nuvens brilhantes sobre o hemisfério sul está progressivamente clareando a cor do seu firmamento.

O planeta Netuno, fisgado no poço do espaço como resposta a um enigma dinâmico, retribuiu o favor de ser descoberto propondo um novo problema dinâmico. No início do século XX, a convicção de que ele era incapaz, por si só, de explicar todos os caprichos orbitais de Urano (para não falar de algumas esquisitices próprias) fomentou a "busca do planeta X", que culminou na descoberta de Plutão.* Todavia, novos cálculos feitos recentemente provaram que, no final das contas, a massa de Netuno é suficiente para tal. A *Voyager 2*, única espaçonave a visitar Júpiter, Saturno, Urano e Netuno, forneceu medidas precisas da atração exercida por cada um desses planetas gigantes sobre a pequenina fuselagem. Tais resultados forçaram uma revisão das estimativas da massa de Netuno: entre 0,5% e 1% para mais, justo o suficiente para tornar Plutão irrelevante na determinação da órbita de Urano. Como ocorreu na época da srta. Herschel, as divagações de Urano ainda podem ser atribuídas apenas à presença de Netuno.

Entretanto, se Urano não requer outras explicações vindas dos confins externos do Sistema Solar, o mesmo não acontece com as luas de Netuno. Os estranhos padrões orbitais de Tritão e Nereida apontam acusatoriamente para uma origem nas profundezas exteriores. Lá longe, muito além do santuário dos planetas principais e logo abaixo do limiar de detectabilidade atual, incalculáveis objetos aguardam ser descobertos.

---

* Plutão foi descoberto pelo astrônomo americano Clyde W. Tombaugh (1906-97); a descoberta foi divulgada ao público em 13 de março de 1930.

Óvni

Plutão

Sozinho na multidão, meu avô Dave desembarcou ainda adolescente na ilha Ellis, onde eram recepcionados os imigrantes que chegavam aos Estados Unidos. Trabalhou um éon particular de homens-horas — costurando casas de botões, entregando água mineral — para trazer em seguida sua mãe, pai e irmãos mais jovens, a anos-luz do outro lado do oceano. "Mama!", gritou ele da outra extremidade do saguão de imigração lotado, onde inspetores de saúde a tinham detido por causa de uma infecção ocular ainda mais estranha e indesejada do que ela. Sua deportação parecia iminente, mas os funcionários, comovidos pela emoção do reencontro entre mãe e filho, decidiram dar boas-vindas a Malka Gruber.

Minha mãe nunca conseguiu contar essa história sem chorar, como se ela própria houvesse recebido os abraços ou sido ameaçada de deportação. Mesmo com idade bem avançada, sentia um nó na garganta quando falava daquele momento ocorrido muito antes de seu nascimento. Eu também, apesar de uma geração mais afastada, fico com lágrimas nos olhos — uma reação de empatia que, segundo constatou um estudo psicológico recente, me predispõe à criação de falsas memórias, como a lembrança, hoje prevalecente em estimados 3 milhões de americanos, de haverem interagido com visitantes de outro planeta.

A idéia de forasteiros provenientes de outro planeta — não de um "país ancestral", como o que meus avós e outros imigrantes deixaram para trás — ganhou credibilidade em 1896. Naquele ano, Percival Lowell, herdeiro da rica e tradicional família Lowell, de Boston, despertou a atenção pública para os apuros de patéticos marcianos que teriam exaurido a água de seu planeta e precisavam agora administrar com parcimônia e prudência o pouco que restara dela por meio de canais que entrecruzavam seu mundo.

Lowell, no início da idade adulta, viajara pela Europa, Oriente Médio e Extremo Oriente, demonstrando fartamente sua facilidade para línguas e seu dom de explicar os modos estranhos dos ianques. Preparando-se para a aproximação de Marte em 1894, entregou-se à sua paixão pela astronomia e construiu um observatório particular em Flagstaff, Arizona, longe da supervisão e controle de qualquer autoridade acadêmica, militar ou governamental. Aos 39 anos de idade, Lowell assumiu tantos compromissos e responsabilidades — construir, contratar os funcionários e equipar as instalações astronômicas em Mars Hill, as "colinas de Marte"; estudar e observar o planeta de maio de 1894 a abril do ano seguinte; compilar suas idéias e novecentos desenhos num livro popular, *Mars*; e dar palestras para um sem-número de platéias leigas durante uma prolongada excursão de conferências antes de ir às pressas até o México em 1897 para não perder a oposição seguinte de Marte — que sofreu um colapso. Seu ataque, diagnosticado como "severa exaustão nervosa", incapacitou-o por quatro anos.

Quando retornou a Flagstaff vindo de Boston, em 1901, encontrou sua equipe desmoralizada pelo estardalhaço feito em

178

torno dos canais marcianos. Suas conclusões sensacionais e a pressa em publicá-las haviam transformado Mars Hill em motivo de chacota entre os astrônomos profissionais. Embora ele próprio permanecesse imune às críticas, Lowell, que sobressaíra em matemática em Harvard, decidiu restaurar a reputação de seu observatório calculando o paradeiro de um nono planeta. Suficientes discrepâncias ainda perturbavam a órbita de Urano para sugerir que os feitos espetaculares de Adams e Leverrier no século anterior poderiam ser repetidos em solo americano e produzir um novo mundo para além de Netuno.

Lowell batizou sua presa de "planeta X" e perseguiu-a com entusiasmo e sofreguidão, embora sem sucesso, até a morte em 1916. Nos dez anos seguintes, sua viúva estorvou todas as operações do observatório ao contestar a intenção do testamento do marido. A busca do planeta foi finalmente retomada em 1929, com um novo telescópio especialmente instalado num novo domo em Mars Hill e um jovem inexperiente — um amador sem formação superior — contratado pelo correio para operá-lo.

Clyde Tombaugh, talvez o jovem mais íntegro, trabalhador e irrepreensivelmente decente a trocar os trigais do Kansas pelos pináculos astronômicos do Arizona, investiu tudo o que tinha numa passagem de trem só de ida até Flagstaff. Por um capricho, ele havia enviado para o Observatório Lowell alguns desenhos que fizera de Júpiter e Marte vistos através do telescópio caseiro que ele próprio construíra. O diretor, impressionado, escreveu-lhe de volta, indagou perfunctoriamente sobre sua saúde e ofereceu-lhe o difícil e malremunerado trabalho de vasculhar metodicamente os céus, milímetro por milímetro.

Em comparação com Johann Galle, que localizou Netuno depois de apenas uma hora de atividade bem orientada, Clyde Tombaugh passou dez meses no frio relento do domo aberto de Mars Hill tirando uma meticulosa série de fotografias celestes, cada uma com exposição de várias horas. Depois de revelar as chapas, examinava-as e comparava-as duas a duas sob o microscópio, esquadrinhando os milhares e milhares de pontos de luz para determinar qual deles — se é que havia algum — mudara de posição entre uma lâmina e outra. Foi por meio desse processo lento e tedioso que acabou localizando o planeta X em meados de fevereiro de 1930, quando se deslocava entre as estrelas da constelação de Gêmeos a uma velocidade que sugeria que ele estava situado 1,5 bilhão de quilômetros além da órbita de Netuno — ou seja, mais ou menos nas coordenadas previstas por Lowell.

Os colegas mais velhos de Tombaugh fizeram-no confirmar e reconfirmar a descoberta por três semanas antes de lançarem um anúncio público, em conformidade com um rígido protocolo que exigia o envio, pelo correio, de uma circular detalhada para todos os observatórios e departamentos de astronomia que conseguiram lembrar. O mundo enlouqueceu. A Associated Press divulgou a notícia através de seus telégrafos e quando a reportagem chegou ao *The Tiller and Toiler*, jornal semanal do condado de Pawnee, Kansas, o editor telefonou para a fazenda de Muron e Adella Tombaugh, em Burdett, e perguntou-lhes: "Vocês sabiam que seu filho descobriu um planeta?".

Clyde estava com 24 anos. Tendo entrado para a história, obteve uma licença do observatório e matriculou-se na Universidade do Kansas para formar-se em astronomia.

Uma chuva de telegramas despencou sobre Flagstaff em resposta à notícia da descoberta de Plutão, seguida de malotes e malotes de cartas e, logo, centenas de visitantes todos os dias. Repórteres suplicavam por fotografias, mas as imagens da descoberta com certeza desapontaram a maioria das expectativas. As duas chapas pareciam meros borrifos de tinta, diferindo entre si pela posição de um único pontinho não maior do que o pingo de um "i".

Com os melhores instrumentos disponíveis, os astrônomos

180

se esforçaram para obter uma vista melhor de Plutão, mas poucos conseguiram tornar mais nítido aquele tênue salpico para visualizar um disco planetário — quanto mais discernir características de sua superfície. Na verdade, Plutão é tão pequeno e tão distante que, mesmo hoje, as imagens mais detalhadas obtidas pelo telescópio espacial Hubble revelam apenas uma esfera indistinta em vagos tons de cinza, tão insatisfatórias e sem detalhes quanto fotos falsificadas de óvnis.

Astrônomos céticos contestaram em 1930 a afirmação de que o planeta X de Lowell havia sido encontrado. *Aquele* planeta prometia exceder várias vezes a massa da Terra e ser grande o bastante para fazer Urano e Netuno oscilarem. O planeta que acabara de ser descoberto, por sua vez, parecia insubstancial demais para arrastar gigantes.

Desde a década de 1930, Plutão não parou de encolher a cada novo avanço das técnicas de mensuração. Sua massa despencou da estimativa original de cerca de *dez vezes* a massa da Terra para *um décimo*, depois para *um centésimo* e, enfim, para *dois milésimos* da massa terrestre. Do mesmo modo, seu diâmetro se reduziu de 12,8 mil quilômetros (quase igual ao da Terra) para 2,5 mil — no máximo. O planeta é, na realidade, menor que Mercúrio e menor até mesmo que sete satélites do Sistema Solar, entre eles a Lua. O diâmetro de Caronte, a lua descoberta em 1978, equivale a metade da largura do próprio Plutão (para comparar, o diâmetro da maioria das outras luas é apenas um centésimo da largura dos planetas que elas orbitam).

A redução drástica do tamanho de Plutão nos cinqüenta anos após sua descoberta levou dois astrônomos planetários a publicar, em 1980, um gráfico burlesco mostrando sua diminuição em função do tempo e prevendo que o planeta logo desapareceria!

Mirrado e ridicularizado, ele foi totalmente destituído de sua razão de ser depois que a *Voyager 2* passou por Netuno em 1989. A necessidade de um nono planeta evaporou-se quando ficou confirmado que Netuno e Urano contrabalançavam as anomalias orbitais um do outro. Os cálculos que levaram Lowell a prever o planeta X mostraram-se aparentemente tão ocos quanto os canais marcianos. Plutão adquirira renome público como resposta a uma pergunta sem sentido.

Em 1992, um pequenino astro parecido com Plutão surgiu nos confins do Sistema Solar, seguido em 1993 por cinco outros semelhantes a ele e, nos anos seguintes, por *centenas e centenas* de outros corpos. Essa população periférica conferiu a Plutão uma nova identidade — se não o último planeta, então o primeiro cidadão de uma praia longínqua e prolífica.

Plutão parece estar revivendo a história do primeiro asteróide, Ceres. Perseguido, como Plutão, por motivos matemáticos, ele foi saudado como o "planeta perdido" entre Marte e Júpiter no início do século xix. Quando observações sucessivas provaram que Ceres era pequeno demais, e seu tipo, numeroso demais para ser incluído entre os mundos maiores, os astrônomos reclassificaram todos eles como "asteróides" em 1802 e, mais tarde, como "planetas menores".

Não houve clamor público contra a aplicação desses termos denegridores a Ceres, Palas e seus companheiros. Plutão, por outro lado, não perdeu seu direito ao estatuto de planeta. As pessoas amam Plutão. Crianças identificam-se com sua pequenez. Adultos entendem sua inadequação, sua existência marginal de desajustado. Todos os que se acostumaram com uma cota de nove planetas — todos avessos a mudanças no status quo — recusam-se a desqualificar Plutão por mero tecnicismo.

Mesmo entre os seiscentos membros da fraternidade de astrônomos planetários, opiniões sobre Plutão permanecem ferozmente divididas. É um planeta ou não é? Infelizmente, a palavra "planeta", cunhada muito antes de a ciência exigir uma especificidade rigorosa de definições, não tem como sustentar a imensidão de gradações possíveis de sentido implicadas pelas descobertas mais recentes.*

A campanha para excluir Plutão do cadastro planetário, algo que quase todos consideram um rebaixamento inglório, é na verdade uma homenagem à diversidade maior de um Sistema Solar expandido. Plutão e seus confrades ocupam a chamada "terceira região", que tem o formato de um *donut* e se estende no mínimo cinqüenta vezes a distância Terra—Sol para além de Netuno. Como todos os objetos desse território diferem fundamentalmente dos planetas terrestres da primeira região e dos gigantes gasosos gelados da segunda, receberam uma nova designação específica: "anões gelados", "objetos do Cinturão de Kuiper" ou ainda "objetos transnetunianos".

Gerard Kuiper, o cientista epônimo que concebeu a existência desses corpos pela primeira vez em 1950, nasceu e estudou na Holanda. Em 1933, emigrou para os Estados Unidos e tornou-se um dos maiores advogados dos estudos planetários. Fez inúmeras descobertas, desde a atmosfera da maior lua de Saturno, Titã, até novos satélites de Urano e Netuno. Kuiper previu que, no futuro, Plutão deixaria de ser considerado o solitário pária do Sistema Solar, e se mostraria acompanhado de centenas ou milhares de co-viajantes. Meio século depois, quando as miríades de objetos de Kuiper começaram a se materializar no espaço transnetuniano, os astrônomos os reconheceram como confirmação dessa hipótese.

A população do Cinturão de Kuiper cresce ininterruptamente e inclui entre os seus maiores habitantes Quaoar, Varuna e Ixion, todos descobertos em 2001 e 2002. Esses nomes refletem a

---

* Como "planeta", a palavra "vida" apresenta dificuldades similares para os astrobiólogos. Um incêndio florestal, por exemplo, exibe comportamentos de um ser vivo — consome oxigênio, cresce, move-se, devora e até gera outros focos com suas fagulhas —, mas não é "vivo".

ética moderna da consciência étnica: Quaoar é a força da criação venerada pela tribo Tongva, os habitantes originais do que é hoje Los Angeles.

Plutão, o primeiro e primaz objeto do Cinturão de Kuiper, obedece a uma órbita fortemente inclinada e altamente elíptica. Ao longo de um período de 248 anos, alterna entre elevar-se muito acima e mergulhar muito abaixo do plano do Sistema Solar, e entre vagar a uma distância do Sol quase duas vezes maior que a de Netuno num extremo e insinuar-se no interior da órbita deste no outro.* Essa trajetória errante, tão diferente da de qualquer outro planeta, contribuiu para que ele fosse taxado de excêntrico desde o início. Entretanto, pelos padrões do Cinturão de Kuiper, sua órbita é quase corriqueira. Cerca de outros 150 objetos do cinturão seguem cursos similares e evitam colidir com Netuno mediante um acordo de ressonância entre eles: Netuno circunda o Sol três vezes no mesmo tempo que Plutão e companhia levam duas para circulá-lo. Quando Plutão invade a órbita de Netuno, o faz sempre no auge da amplitude de oscilação, deixando Netuno bem abaixo e afastado no mínimo um quarto de volta.

Plutão gira em torno de seu eixo uma vez a cada seis dias, mostrando e ocultando os indistintos borrões de sua vaga paisagem. Como Urano, ele está deitado de lado — isto é, o plano do equador está quase em ângulo reto com o plano de sua órbita —, vítima de uma colisão no passado. Na verdade, os cientistas planetários acreditam que o mesmo agente impactante derrubou Plutão e lascou fora sua lua, Caronte, de um só golpe.

Plutão e Caronte, distantes um do outro menos de 20 mil quilômetros, estão em órbita travada em torno de um ponto a meio

---

* Plutão imergiu na órbita de Netuno pela última vez em 1979, dela saindo em 1999. No periélio, em 1989, estava cerca de 1,6 bilhão de quilômetros mais perto da Terra do que ao ser descoberto, em 1930.

caminho entre ambos. Os dois giram na mesma velocidade enquanto circulam esse ponto em conjunto, de tal modo que um mantém sempre a mesma face voltada para o outro. Graças a esse arranjo orbital incomum, podemos até nos referir a esses astros como sistema "Plutão—Caronte", o primeiro exemplo conhecido de um verdadeiro planeta "duplo" ou "binário".

Menos de uma década depois da descoberta de Caronte, Plutão e sua lua posicionaram-se no espaço de tal modo que se revezam eclipsando um ao outro, conforme vistos da Terra. Esse arranjo fortuito só ocorre duas vezes durante a órbita do planeta, ou uma vez a cada 124 anos. A partir de 1985, os astrônomos tiraram bom proveito dessas inúmeras ocultações mútuas e deduziram as melhores aproximações possíveis da massa, diâmetro e densidade dos dois corpos. Com cerca de duas vezes a densidade da água, Plutão e Caronte são mais densos do que qualquer um dos gigantes gasosos vizinhos, embora não cheguem nem à metade da densidade dos planetas terrestres ricos em ferro: Mercúrio, Vênus e Terra.

Possivelmente entre dois terços e três quartos de Plutão consistem em rocha, e o restante, gelo. Acima da sua base de gelo, porções de nitrogênio, metano e monóxido de carbono congelados foram identificados à distância. Quando Plutão se aquece no interior da órbita de Netuno por duas décadas a cada dois séculos, durante sua máxima aproximação do Sol, os gelos superficiais evaporam parcialmente, formando uma atmosfera vaporosa e rarefeita. Subseqüentemente, quando se afasta do Sol e sua temperatura volta a cair para o nível de frigidez normal (em torno de 200 graus Celsius negativos), essa atmosfera despenca e cobre o chão, especialmente em torno dos pólos, com uma neve fresca e exótica. Sob esse aspecto, Plutão comporta-se mais ou menos como um cometa (que também se aqueceria e liberaria gás gelado ao aproximar-se do Sol), embora permaneça distante demais para fazer uma exibição digna de nota.

Quando a luz do Sol chega a Plutão, a distância atenuou-a cerca de mil vezes. Isso significa que, de dia, o planeta lembra uma noite de inverno iluminada pela Lua. Na sua paisagem refletora, geadas superficiais brilhantes coexistem com áreas escuras, que talvez representem afloramentos de rocha ou depósitos de compostos orgânicos extorquidos do gelo pela radiação ultravioleta do Sol. Polímeros com cores indicativas da presença de carbono — rosa, vermelho, laranja, preto — provavelmente proliferam em Plutão.

Apesar da similaridade entre as composições de Plutão e Caronte, e da origem comum de ambos, a massa e a gravidade menores da Lua levam-na a abrir mão de seus gases. As moléculas vaporizadas na sua superfície não ficam pairando, à espera, para retornarem mais tarde como flocos de neve; elas simplesmente escapam espaço afora. Como resultado, Caronte reflete muito menos luz do que Plutão, e sua superfície provavelmente parecerá fosca e neutra em fotografias quando o mundo binário Plutão—Caronte for enfim visualizado por uma espaçonave visitante.

Todas as tentativas passadas de organizar uma missão até Plutão fracassaram na fase de financiamento — antes de qualquer nave chegar à plataforma de lançamento, muito antes de iniciar a longa jornada. Mas hoje, após o decepcionante cancelamento de projetos como Pluto Express e Pluto Fast Flyby, os plutonófilos finalmente têm uma sentinela avançada preparada para investigar o Cinturão de Kuiper. A nova nave minimalista da NASA, *New Horizons*, está equipada para mapear e fotografar de perto Plutão, Caronte e pelo menos mais um objeto do cinturão, com previsão de chegada às terras prometidas em 2015. A essa altura, o número de objetos do Cinturão de Kuiper poderá ter crescido exponencialmente — dos oitocentos identificados até a presente data para um número na casa das centenas de milhares.

A demografia do Cinturão de Kuiper já lança indícios das grandes ondas migratórias que caracterizaram a história primitiva do Sistema Solar. Ao que parece, na época em que os planetas gigantes estavam finalizando seus processos de acreção, todos os objetos do Cinturão de Kuiper foram exilados de posições mais próximas do Sol para o local onde se encontram hoje. Júpiter e Saturno engoliram alguns planetesimais que se encontravam por perto e aceleraram muitos outros com tal força que esses corpos foram banidos do Sistema Solar. Embora Urano e Netuno também participassem dessa diáspora planetesimal, careciam de força suficiente para arremessar os objetos inteiramente além do alcance do Sol e acabaram relegando-os ao Cinturão de Kuiper.

Como resultado desses deslocamentos, Júpiter perdeu parte de sua energia orbital e aproximou-se do Sol. Por sua vez, Saturno, Urano e Netuno ganharam energia e se afastaram. Plutão, que teria ocupado uma órbita circular regular nessa fase, foi empurrado para longe pela influência gravitacional de Netuno. Ao longo de dezenas de milhões de anos, Netuno forçou Plutão, o expatriado arquetípico, a seguir uma trajetória cada vez mais elíptica e cada vez mais inclinada.

Plutão e outros residentes do Cinturão de Kuiper foram bastante assolados pelos eventos no Sistema Solar. Os cientistas esperavam que o cinturão preservasse materiais originais em estado prístino, tal como eram desde a formação do Sol, mas hoje o vêem como uma zona de guerra para onde os astros foram lançados e onde engalfinham-se uns com os outros. As raízes genealógicas legítimas, inconspurcadas, da família solar terão de ser buscadas em alguma região ainda mais remota.

Atualmente, pequenos mundos cada vez mais distantes estão sendo avistados além do Cinturão de Kuiper. O planetóide Sedna, descoberto em 2003 e batizado com o nome da deusa dos mares gelados entre os inuítes, um povo esquimó, tornou-se a entidade conhecida mais gelada e mais distante do Sistema Solar. Com cerca de metade do tamanho da Lua terrestre, Sedna parece ocupar uma órbita novecentas vezes maior que a distância da Terra ao Sol, a qual demora 10 mil anos para completar.

Ainda mais além, entre o corpo indefinido de Sedna e o espetáculo brilhante das estrelas distantes, os astrônomos esperam encontrar uma prodigalidade esférica com trilhões de pequenos objetos rodeando o Sistema Solar. Entre esses remanescentes gelados da Criação estarão, talvez, as respostas mais profundas para a pergunta "De onde viemos?".

Esses escombros antigos encontram-se tão distantes e distribuídos numa área tão distendida que a periferia do Sistema Solar mostra-se transparente como uma bola de cristal. Pela bolha de suas bordas limítrofes podemos enxergar até o infinito — através da Via Láctea, que abriga o nosso Sol, até as outras galáxias que rodopiam como cata-ventos espalhados pelo universo, com bilhões de estrelas fervilhando de planetas.

Às vezes, o estupefaciente vislumbre do espaço profundo faz com que eu queira me enfurnar, como um pequenino animal buscando a segurança quente do seu ninho terrestre. Mas um número igual de vezes sinto o universo chamar meu coração e oferecer, em todas as suas Terras espalhadas na imensidão, uma comunidade maior à qual pertencer.

Planeteiros
Coda

Houve uma grande festa na casa de Andy Ingersoll, em Pasadena, na noite que se seguiu à impecável inserção em órbita da espaçonave *Cassini* em torno de Saturno, em meados de 2004. Na verdade, a música e as danças, as comidas e bebidas, o espírito de camaradagem destinavam-se aos cientistas e engenheiros cujos anos e anos de trabalho haviam proporcionado um motivo tão feliz para celebrar, embora alguns intrusos que estiveram no lugar certo em momentos propícios também tivessem sido convidados.

Quando cheguei, cedo demais, encontrei nosso anfitrião, um cientista planetário renomado e muito estimado do Jet Propulsion Laboratory, montando um modelo de Saturno para pendurar no portão de entrada e indicar o local da festa às duas centenas de convivas. Ele tinha em mãos uma velha bola de espirobol, com o cordão ainda preso, e esvaziara a mesa da cozinha onde recortava anéis de cartolina, nas proporções corretas, para juntar à maquete. Um colega entrou pela porta dos fundos e sem-cerimoniosamente começou a dar conselhos técnicos, como se aquela brincadeira fosse um novo tipo de desafio de pesquisa. Em minutos, tinham Saturno na coleira, por assim dizer, e o penduraram num galho de árvore.

Ingersoll, alto e magro, quase esquelético, tem um talento especial para criar modelos de atmosferas planetárias. Ele transforma os dados coletados por telescópios e espaçonaves — informações sobre pressão, abundância de gases, pressão de fluidos, velocidade de ventos, padrões de nuvens — em sofisticadas análises climáticas. Seus artigos técnicos têm nomes como "A estufa fugidia: uma história da água em Vênus", "Dinâmica das faixas de nuvens em Júpiter" e "Abrandamento sazonal da pressão atmosférica em Marte". Intelectualmente, poderia competir em pé de igualdade com qualquer um dos astrônomos mais famosos da história, mas é improvável que venha a prevalecer no futuro, do modo como Cassini ou Huygens perduram hoje, pois a natureza da ciência mudou, deixando de ser um campo de gênios solitários para tornar-se um esforço cooperativo.

O animado jogo de vôlei para convidados madrugadores no quintal dos Ingersoll terminou cerca de meia hora depois, quando o bufê chegou para montar o balcão, as mesas e as cadeiras dobráveis em torno e debaixo das árvores. No grupo com que acabei me sentando, metade das pessoas conversava em italiano e a outra metade em inglês com sotaque britânico. A festa tornou-se mais e mais multinacional, pois a espaçonave *Cassini* é global em todos os sentidos. Como projeto conjunto da NASA (National Aeronautics and Space Administration), ESA (European Space Agency) e ASI (Agenzia Spaziale Italiana), a *Cassini* representa dezessete países e o talento conjunto de cerca de 5 mil indivíduos — incluindo uma equipe de costureiras que talharam, cortaram e coseram à mão o invólucro térmico brocado da espaçonave destinado a proteger os instrumentos tanto de micrometeoróides pequenos como flocos de poeira como do frio extremo das cercanias de Saturno.

Cada onda de retardatários trazia novas notícias do laboratório. Alguns dos presentes não dormiam havia dias — o que sua aparência comprovava —, mas eles se deleitavam com a causa de sua exaustão. As notícias vindas da *Cassini*, que confabulava sem parar com as antenas da Deep Space Network na Espanha, Austrália e Califórnia, eram todas boas. Ideais, para falar a verdade. As primeiras fotografias tiradas perto dos anéis de Saturno reproduziam detalhes primorosos com tanta profundidade que um astrônomo chegou a acusar outro de editar as imagens para nos pregar uma peça.

A descarga de adrenalina que a maioria desses homens e mulheres sentira na noite anterior, durante a passagem da *Cassini* pelos anéis de Saturno, já se abrandara e cedera lugar a uma euforia generalizada. A festa ia se tornando uma verdadeira saturnal e, em meio à farra, todos brindavam o sucesso atual e saudavam a grande fase seguinte da missão — o envio, dali a seis meses, do passageiro robótico da *Cassini*, a sonda *Huygens*, até a maior lua de Saturno, Titã. Esse grandioso satélite, um astro maior do que Mercúrio ou Plutão, e com uma espessa atmosfera alaranjada tão rica em nitrogênio quanto o nosso ar, há muito espicaçava os cientistas com promessas de insights sobre a condição da Terra primitiva antes do surgimento da vida. Ninguém sabia ainda o que existe na superfície obscurecida por fumos e nevoeiros de Titã, mas muitos cientistas pareciam dispostos a apostar na existência de grandes lagos transbordando de gélido metano líquido e outros hidrocarbonetos.

"Sonho em pousar num oceano", confessara na véspera Jean-Pierre Lebreton, o cientista responsável pela integridade científica do projeto da *Huygens*, durante uma entrevista coletiva. "Viajar hoje para Titã é como voltar 4 bilhões de anos no tempo aqui na Terra."

Em 1655, em Haia, quando Christiaan Huygens viu Titã pela primeira vez, chamou-a simplesmente de "lua de Saturno". Jean Dominique Cassini, que descobriu quatro outras luas saturninas entre 1672 e 1684, contentou-se em designá-las por números. E quando sir William Herschel avistou *mais* duas em 1789, também ele aplicou a denominação numérica. Foi somente o filho de sir William, sir John Herschel, que decidiu atribuir nomes da mitologia grega para todas elas, começando por "Titã", uma antiga raça de gigantes, o mais jovem dos quais era Saturno.*

Em dezembro de 2004, na data prevista, a *Cassini* lançou a sonda *Huygens*, que transportara por sete anos desde o cabo Canaveral, e impulsionou-a rumo a Titã. Durante as três semanas seguintes, a *Huygens*, ainda dormente, planou obedientemente até seu *rendez-vous*, enquanto a *Cassini* completava mais um longo circuito em torno de Saturno, retornando a tempo de testemunhar as emoções do encontro.

Em 14 de janeiro de 2005, o despertador interno da *Huygens* ativou os instrumentos da nave, preparando o sistema para atuar em Titã. Protegida por uma blindagem térmica em forma de pires, a sonda penetrou a atmosfera, desacelerou-se no atrito com o ar espesso e, abrindo o pára-quedas, realizou uma aterrissagem perfeita. Durante as duas horas e meia que durou a descida, foi colhendo amostras das nuvens e da névoa, até que, ao chegar suficientemente perto da superfície frígida da Lua (cerca de cinqüenta quilômetros, segundo o radar de bordo), passou também a tirar fotografias, que transmitiu para a *Cassini* — que, por sua vez, as retransmitiu à Terra.

Em Titã, a *Huygens* testemunhou cenas tão familiares quanto nuvens mudando de forma e tão estranhas quanto as paisagens

---

* Astrônomos posteriores seguiram seu exemplo e chegaram até Pã, o décimo oitavo satélite de Saturno, descoberto em 1990. As doze luas seguintes, incluindo Mundilfari e Ymir, receberam nomes tirados de outros contextos culturais, mas algumas novas luas detectadas pela *Cassini* ainda são designadas pela nomenclatura preliminar, como "S/2005 S1".

inauditas de um mundo alienígena, inusitadas demais para serem descritas ou analisadas.

O fato de a *Huygens* ter sobrevivido ao pouso e continuado a transmitir dados por várias horas não só evidenciou sua saúde robusta, mas também contrariou a expectativa generalizada de que se afogaria num mar de metano. Contudo, o grande trecho de terreno escuro onde hoje a *Huygens* jaz, agora chamado Xanadu, não deve ser visto como o local de uma previsão malograda, e sim como um ponto de partida de uma nova maneira de imaginar o conteúdo do Sistema Solar — e também de outros sistemas solares.

Gostaria de poder narrar o que aconteceu em seguida, como foram interpretados os dados transmitidos pela *Huygens*, o que a *Cassini* continua encontrando ao vasculhar este ou aquele satélite de Saturno — Mimas, Encélado, Tétis, Dione, Réia, Iápeto — ao longo de seu itinerário. Mas qual livro pode manter-se a par dos eventos de um campo de estudos ativo? Se a leitura destas páginas contribuiu para que alguém sentisse afinidade com os planetas e os reconhecesse como arrimos de séculos e séculos de cultura popular e a inspiração de grande parte do que houve de melhor e mais nobre no esforço humano, terei realizado o que me propus a fazer.

No que me diz respeito, confesso que nenhum dos dados assombrosos que tive o privilégio de compartilhar aqui alterou o fascínio fundamental que os planetas exercem sobre mim, como se fossem um sortimento de feijões mágicos ou gemas preciosas num pequenino armário particular de maravilhas e prodígios — portátil, evocativo e envolto em beleza.

Glossário

ACREAÇÃO. Processo pelo qual poeira e gás, como resultado de colisões aleatórias ou atração gravitacional, se acumulam para formar corpos celestes maiores.

APOGEU. A distância máxima entre a Terra e a Lua no transcurso de sua órbita mensal, ou entre a Terra e um satélite artificial circundando-a.

AREÓGRAFO. Alguém que faz mapas de Marte (Ares).

ASTERÓIDE. Um planeta menor, geralmente pequeno e rochoso. Existem cerca de 100 mil orbitando o Sol na grande brecha entre Marte e Júpiter.

CAMPO MAGNÉTICO. Região em torno de um ímã, onde este afeta partículas carregadas ou outros ímãs. Muitos planetas, como Júpiter e a Terra, comportam-se como ímãs gigantescos e geram seus próprios campos magnéticos.

CÁRTULA. Em cartografia, motivo ornamental destinado à inscrição de um texto (por exemplo, o título do mapa ou a escala utilizada) e que muitas vezes contém símbolos das regiões representadas. Também chamado de cartucho ou cartela.

CINTURÃO DE KUIPER. Região em forma de um toróide, ou um *donut*, localizada além da órbita de Netuno, contendo centenas de milhares de planetóides gelados. Alguns desses objetos, quando sofrem deflexão da gravidade ou de colisões para órbitas que os levam a se aproximar do Sol, tornam-se cometas que retornam a intervalos de tempo regulares. Foi assim nomeada em homenagem a Gerard Kuiper.

COMA. O envoltório difuso em torno do núcleo de um cometa.

COMETA. Pequeno corpo gelado que gira em torno do Sol, numa órbita altamente elíptica, que muda de aspecto ao se aproximar dele e emitir jatos de gás e poeira.

COROA. Um ou mais anéis concêntricos que rodeiam formações como domos e depressões em Vênus e que ocorrem onde a crosta superficial é mais fina.

DURICROSTA. Poeira levemente aglutinada encontrada na superfície de Marte, a qual, acredita-se, foi formada pelo depósito e evaporação de água e dióxido de carbono.

ECLIPSE. Obscurecimento de parte ou de todo um corpo celeste atrás ou na sombra de outro. (Num eclipse solar, a Lua impede que se aviste o Sol; num eclipse lunar, a sombra da Terra cai sobre a Lua.)

ECLÍPTICA. A grande trajetória aparente do Sol, Lua e planetas vista da Terra, assim batizada porque os eclipses só ocorrem quando a Lua está muito próxima dela. É também o plano do Zodíaco e da órbita da Terra.

EFEMÉRIDES. Tabela publicada com cálculos das posições dos corpos celestes, especialmente planetas e cometas.

ELONGAÇÃO. O momento mais propício para ver os planetas interiores Mercúrio ou Vênus, quando atingem a distância máxima a leste ou oeste do Sol. A maior elongação possível de Mercúrio é 28 graus, e a de Vênus, 47 graus.

ESTRELA. Bola de gases, predominantemente hidrogênio e hélio, grande o suficiente para produzir fusão termonuclear em seu núcleo e brilhar com luz própria irradiada.

EXCENTRICIDADE. O quanto a órbita de um astro afasta-se de um círculo. (A órbita de Plutão é altamente excêntrica — uma elipse exagerada —, ao passo que as órbitas de Vênus e Netuno parecem quase circulares.)

EXTREMÓFILO. Qualquer habitante de um ambiente extremo, que seria tóxico ou inadequado para qualquer outro tipo de vida inadaptado às condições lá existentes.

GALÁXIA. Coleção de bilhões de estrelas gravitacionalmente interligadas, como a Via Láctea, a galáxia que abriga o Sistema Solar.

ÍGNEO. Termo usado para descrever rochas formadas pela solidificação de magma ou lava.

LUA. O satélite natural da Terra e, por extensão, um corpo em órbita ao redor de um planeta ou asteróide.

MAGNETOSFERA. Bolha invisível do campo magnético de um planeta, que define os limites da esfera de influência desse campo.

MAGNITUDE APARENTE. Expressão numérica do brilho de um corpo celeste visto da perspectiva da Terra. Quanto menor o número, mais brilhante o objeto se mostra. (O Sol, com uma magnitude aparente de −27, é o objeto mais brilhante no céu da Terra, apesar de que, se fosse julgado de acordo com o seu brilho *intrínseco*, ou magnitude absoluta, empalideceria em comparação com estrelas maiores.)

MANTO. A camada média de um planeta, que ocupa o espaço entre a crosta superficial e o núcleo de um mundo terrestre (ou a atmosfera superior e o centro sólido de um mundo gasoso).

METANO. Um gás, o composto mais simples de hidrogênio e carbono.

METEORITO. A parte de um meteoróide que caiu na superfície de um planeta.

METEORO. Estrela "cadente", "filante" ou "fugaz", isto é, a luz de uma rocha espacial ou poeira de cometa que, ao atravessar a atmosfera terrestre, torna-se incandescente devido ao calor gerado pelo atrito.

METEORÓIDE. Rocha espacial ou pedaço de planeta que vaga pelo espaço.

NEBULOSA. Objeto celeste de aparência difusa, como o disco a partir do qual uma estrela se forma.

NUVEM DE OORT. Região esférica que envolve o Sistema Solar, além do Cinturão de Kuiper, proposta pelo astrônomo holandês Jan Oort (1900-92). Cometas vindos da Nuvem de Oort seguem órbitas de períodos extremamente longos e podem deixar o Sistema Solar depois de contornarem o Sol.

PERIÉLIO. O ponto da órbita de um planeta, cometa ou espaçonave que mais se aproxima do Sol e, portanto, o momento de máxima velocidade orbital.

PERIGEU. O ponto da órbita da Lua (ou de um satélite artificial) que mais se aproxima da Terra e no qual sua velocidade é maior.

PLANETA. Corpo celeste, em geral (mas não necessariamente) com mais de 1,6 mil quilômetros de diâmetro, que orbita uma estrela.

PLANETESIMAL. Pedaço de material menor do que um planeta, que pode juntar-se com outros pedaços semelhantes e tornar-se um planeta ou uma lua.

RADIAÇÃO ELETROMAGNÉTICA. A luz, em todos os seus aspectos, desde os raios gama e X de alta energia até a radiação ultravioleta, o espectro visível, a radiação infravermelha, as microondas e as ondas de rádio.

REGOLITO. Material residual rochoso e não consolidado que recobre a superfície de um planeta terrestre ou um satélite. É semelhante ao solo, mas não possui componentes vivos. Também chamado manto de intemperismo.

SATÉLITE. Um satélite natural seria a Lua; um satélite artificial seria uma espaçonave em órbita em torno de um planeta.

SIZÍGIA. Alinhamento de corpos celestes, como o Sol, a Lua e a Terra durante um eclipse, ou o Sol, Vênus e a Terra durante um trânsito de Vênus.

SOLSTÍCIO. Um dos dois dias (em junho e dezembro) em que o Sol atinge a distância máxima acima ou abaixo do equador, fazendo com que esse dia seja o mais curto ou o mais longo do ano.

TÉSSERA. Padrão visual de áreas com deformações e falhas extremas. Tais áreas são a segunda formação mais comum em Vênus (depois das planícies vulcânicas). Da palavra russa para "ladrilhado".

TRÂNSITO. Passagem de um corpo celeste na frente de outro, como quando Mercúrio ou Vênus é visto atravessando o disco do Sol. Os satélites de Júpiter e Saturno também podem ser observados transitando seus respectivos planetas.

VELOCIDADE DE ESCAPE. Velocidade que um foguete (ou qualquer outro objeto) tem de atingir para libertar-se da atração da gravidade na superfície de um planeta e ascender ao espaço.

ZODÍACO. O círculo de doze constelações através do qual o Sol parece passar ao longo da jornada anual da Terra. Essas constelações correspondem aos signos astrológicos do zodíaco: Áries, Touro, Gêmeos, Câncer, Leão, Virgem, Libra, Escorpião, Sagitário, Capricórnio, Aquário e Peixes.

ZONA DE ROCHE. Região perto de um planeta na qual forças de maré, isto é, gravitacionais, impedem que planetesimais se aglutinem em satélites; assim nomeada em homenagem ao matemático francês Edouard Roche (1820-83), o primeiro a descrevê-la.

Detalhes

MODELOS DE MUNDOS (PANORAMA PLANETÁRIO)

Modelos do Sistema Solar grandes o bastante para serem percorridos a pé ou de carro podem ser visitados em Aroostook County, Maine; Boston, Massachusetts; Boulder, Colorado; Flagstaff, Arizona; Ithaca, Nova York; Peoria, Illinois; Washington, D. C.; Estocolmo, Suécia; York, Inglaterra; e nos Alpes, perto de St.-Luc, Suíça.

A espaçonave soviética *Venera 4* foi a primeira a sondar a atmosfera venusiana em 1967; a *Venera 7* pousou em Vênus em 1970, e a *Venera 8*, em 1972. Em novembro de 1971, a americana *Mariner 9* tornou-se a primeira nave a orbitar Marte — a primeira a orbitar um planeta fora do sistema Terra—Lua. A nave soviética *Mars 3* chegou no mês seguinte, mas sobreviveu apenas vinte segundos na superfície marciana.

Michel Mayor e Didier Queloz, do Observatório de Genebra, foram os primeiros a encontrar um exoplaneta e anunciaram a descoberta do astro em 51 Pegasi em outubro de 1995. Dois americanos — Geoffrey W. Marcy, da Universidade da Califórnia em

Berkeley, e R. Paul Butler, atualmente na Carnegie Institution em Washington, D. C. — logo confirmaram as afirmações dos suíços e acabaram identificando outros planetas extra-solares.

GÊNESE (SOL)

O extraordinário fenômeno da fusão do hidrogênio requer o calor e a pressão inimagináveis existentes no interior das estrelas. Em circunstâncias normais aqui na Terra, dois núcleos de hidrogênio jamais se uniriam, pois ambos têm carga positiva, e a força eletromagnética que repele duas partículas de carga positiva é mais forte que a gravidade. Dentro do Sol, no entanto, altíssimas temperaturas empurram umas partículas de encontro a outras com tanta intensidade e rapidez que, a despeito da repulsão eletromagnética, elas colidem. E, quando estão assim tão próximas, as partículas sucumbem a uma terceira força — chamada "interação forte", por ser a força mais poderosa que se conhece na natureza — que as mantém unidas. Entretanto, a interação forte só consegue atuar em distâncias minúsculas, como as existentes no núcleo atômico.

Em um único segundo, no interior do núcleo solar, 700 milhões de toneladas de hidrogênio são convertidas em 695 milhões de toneladas de hélio. A diferença de 5 milhões de toneladas entre o que entra e o que sai transforma-se em energia luminosa. Não é pouca energia, pois, segundo uma fórmula famosa, energia (E) é equivalente (=) a determinada massa (m) — 5 milhões de toneladas no caso — multiplicada pela velocidade da luz (c) elevada ao quadrado ([2]). Como a velocidade da luz já é um número bastante alto (300 mil quilômetros por segundo), quadrá-lo, isto é, multiplicá-lo por ele mesmo, resulta numa cifra verdadeiramente astronômica (90 000 000 000). Isso nos dá uma indicação do poder fenomenal que se oculta mesmo em quantidades ínfimas de matéria.

O hélio, que depois do hidrogênio é o segundo ingrediente mais comum no Sol e em todo o universo, representa 10% da composição do Sol. Juntos, todos os outros elementos detectáveis por análise da luz solar — carbono, nitrogênio, oxigênio, neônio, magnésio, silício, enxofre e ferro — representam apenas 2% da massa do Sol. Durante períodos de grande atividade solar, conglomerações de manchas na superfície do astro chegam a reduzir a irradiação de energia em alguns mensuráveis décimos percentuais. Mas, de modo geral, o Sol nunca deixa de ser uma fonte constante de luz estável.

A Lua, no apogeu (maior distância da Terra), não consegue encobrir inteiramente o Sol e acaba produzindo um eclipse "anular", no qual o astro-rei aparece como um anel cintilante em torno da Lua e a coroa pode não estar visível.

Embora seja seguro observar o Sol durante a totalidade, é fundamental proteger os olhos para observar os estágios parciais que antecedem e sucedem o eclipse total.

MITOLOGIA (MERCÚRIO)

Procusto adquiriu notoriedade por decepar as pernas de vítimas altas e distender violentamente as das vítimas baixas numa armação de ferro para que coubessem em seu leito. Seu nome tornou-se sinônimo de conformismo imposto violenta ou arbitrariamente.

Mercúrio, que segue uma órbita elíptica, atinge a velocidade máxima de 56 quilômetros por segundo no periélio, quando chega a apenas 46 milhões de quilômetros do Sol. Sua velocidade reduz-se para 38 quilômetros por segundo no extremo orbital oposto, ou afélio, quando a distância Mercúrio—Sol atinge 70 milhões de quilômetros.

A primeira de várias menções à "aurora de rosáceos dedos", como Homero chama o céu avermelhado da manhã, ocorre no Livro I da *Ilíada*, verso 477.

Trânsitos de Mercúrio ocorrem aproximadamente treze vezes a cada século. Embora o planeta passe entre a Terra e o Sol cerca de quatro vezes por ano, normalmente viaja acima ou abaixo deste último e, portanto, o trânsito não ocorre.

O período de rotação de Mercúrio é exatamente dois terços do seu período orbital, o que "emparelha" os dois intervalos de tempo numa relação 3:2, isto é, três rotações para cada duas órbitas. (A descoberta da taxa efetiva de rotação foi feita rebatendo-se da superfície do planeta ondas de radar enviadas do Observatório Arecibo, em Porto Rico.) A maioria dos astros do Sistema Solar com vínculos gravitacionais de maré mantém uma ressonância de 2:1 entre rotação e órbita. A exceção mais digna de nota é a Lua, que completa uma rotação a cada revolução em torno da Terra, o que lhe confere uma ressonância de 1:1.

BELEZA (VÊNUS)

William Blake compôs sua ode a Vênus em 1789, muito antes de se descobrir que os ventos venusianos sopram do leste. Sua menção ao "vento oeste" refere-se, pois, às brisas vespertinas da Terra, que coincidem com o aparecimento do planeta.

O ex-presidente Jimmy Carter, quando foi governador da Geórgia, chegou a denunciar Vênus à polícia estadual.* Na Segunda

---

* Referência a um comunicado feito por Carter em outubro de 1969 ao National Investigating Committee on Aerial Phenomena, afirmando ter visto durante doze horas um objeto luminoso "por vezes mais brilhante que a Lua" no céu sobre Leary, Geórgia. (N. T.)

Guerra Mundial, os pilotos de uma esquadrilha de B-29s confundiram o planeta com um avião japonês e tentaram derrubá-lo.

Em maio de 2000, Donald W. Olson e Russell Doescher, da Southwest Texas State University, em San Marcos, acompanharam um grupo de alunos do curso de astronomia até a França, onde conseguiram identificar a casa retratada no quadro *Casa branca à noite*. Para tanto, usaram programas dos planetários para recriar o céu sobre a França no verão de 1890, leram as cartas que Van Gogh escreveu nas últimas semanas de vida e consultaram registros climáticos em arquivos.

A duração de um dia solar em Vênus, do meio-dia ao meio-dia seguinte, é de 117 dias terrestres, ou seja, os períodos de luz e escuridão duram quase 59 dias terrestres cada um. O dia sideral (isto é, o tempo que o planeta leva para completar uma rotação completa tomando por base as estrelas fixas) dura 243 dias — mais longo, portanto, que o período orbital do planeta, que é de 225 dias terrestres. Na Terra, assim como em Vênus, a duração do dia solar difere do dia sideral; no caso da Terra, o dia solar é cerca de quatro minutos mais longo do que o sideral.

Um ciclo completo do planeta Vênus — do seu aparecimento como estrela matutina até seu desaparecimento atrás do Sol, passando pela fase de estrela vespertina e por seu desaparecimento na frente do Sol — dura 584 dias. É nesse período sinódico que o calendário dos maias está baseado. Como Vênus completa oito órbitas em torno do Sol a cada cinco anos terrestres e como passa entre a Terra e o Sol cinco vezes nesse processo, existem cinco padrões venusianos distintos, cada um com 584 dias, no céu da Terra. Os maias tinham um nome para cada um deles.

Desde 1919, a autoridade para nomear planetas cabe à International Astronomical Union. Embora os descobridores possam dar sugestões de nomes para novos satélites ou outros corpos, as escolhas têm de ser aprovadas por forças-tarefas e comissões de trabalho e, por fim, ratificadas pela assembléia geral do órgão, que se reúne de três em três anos.

GEOGRAFIA (TERRA)

Antes mesmo de Ptolomeu, cartógrafos aplicavam os conceitos de latitude e longitude à esfera celeste e ao globo da Terra. Contudo, mesmo depois de Ptolomeu ter introduzido um sistema uniforme de coordenadas expressas em graus, a capacidade de *determinar* uma longitude só foi adquirida no final do século XVII e continuou sendo uma questão problemática em alto-mar por mais cem anos.

A *Geographia*, de Ptolomeu, sobreviveu em manuscritos copiados por escribas, o mais antigo dos quais data do século XIII. Em 1828, em *History of the life and voyages of Christopher Columbus* [História da vida e viagens de Cristóvão Colombo], o escritor americano Washington Irving popularizou a imagem romântica de Colombo defendendo que a Terra é redonda. No entanto, os conhecimentos medievais acerca do formato do mundo são bem documentados, em livros como *De Sphaera Mundi*, de Sacrobosco, escrito no século XIII, e o mapa do mundo que Martin Behaim concluiu alguns meses antes de Colombo zarpar da Espanha. Os antigos podem ter deduzido a esfericidade do mundo a partir das estrelas visíveis em diferentes latitudes, ou pelo formato curvo da sombra da Terra sobre a Lua durante um eclipse lunar.

Américo Vespúcio, analisando as afirmações concorrentes de portugueses e espanhóis, pôde estimar a circunferência terrestre em 27 mil milhas romanas — apenas 120 quilômetros a menos do que o valor aceito hoje.

O suprimento de água da Terra representa apenas 0,1% da

massa do planeta, ao passo que luas distantes do Sistema Solar, como Ganimedes, Calisto e Titã, são pelo menos metade água (ainda que congelada).

Depois do próximo trânsito de Vênus, previsto para 6 de junho de 2012, o par de trânsitos seguinte só ocorrerá em 11 de dezembro de 2117 e 8 de dezembro de 2125. Os trânsitos só acontecem em junho ou dezembro porque é apenas nesses meses que a Terra cruza o plano da órbita de Vênus.

LUNATISMO (LUA)

A expressão *blue moon* [lua azul], que muitos acreditam referir-se à segunda Lua cheia de um mesmo mês do calendário, define-se mais corretamente como a terceira Lua cheia de uma estação que tenha quatro delas (segundo o *Maine Farmers' Almanac* de 1937). O *Almanac* calcula as estações pelo ano tropical, que começa no dia do solstício de inverno (22 de dezembro), e, portanto, uma *blue moon* legítima só pode ocorrer nos meses de fevereiro, maio, agosto e novembro.

Sob a luz da Lua cheia, embora as paisagens terrestres apareçam-nos em preto-e-branco, o verde da relva pode ser discernido, pois a retina humana é particularmente sensível aos comprimentos de onda amarelo-esverdeados (os que o Sol emite com mais intensidade).

Giovanni Riccioli (1598-1671), um padre jesuíta, estabeleceu o sistema de nomenclatura lunar que usamos até hoje. Ele e outros selenógrafos (mapeadores da Lua) batizaram as montanhas lunares com nomes de cordilheiras terrestres, como Alpes, Apeninos, Cáucaso e Cárpatos. As crateras do lado visível da Lua homenageiam grandes filósofos naturais, de Platão e Aristóteles a Brahe, Copérnico, Kepler e Galileu. Nomes russos aplicam-se às do lado oculto, tendo sido avistadas pela primeira vez em outubro de 1959 pela nave soviética não tripulada *Luna 3*. A rotação da Lua dura o mesmo que sua revolução — 27,3 dias. No entanto, quando ela completa uma volta em torno da Terra e atinge novamente o ponto de partida em relação às estrelas, a Terra também se moveu. Devido a isso, para nós a Lua demora 29,5 dias até completar uma revolução em torno do nosso planeta e atravessar todas as fases, de cheia a cheia.

SCI-FI (MARTE)

A meteoriticista Roberta Score, do U. S. Antarctic Program, sediado em Denver, encontrou a rocha marciana conhecida como ALH84001 em 27 de dezembro de 1984. Os cientistas vêm caçando meteoritos na Antártida desde 1969. A análise do ALH84001 teve início em meados de 1988 e os testes que confirmaram sua origem marciana foram concluídos no final de 1993.

Os montes Allan, perto das geleiras Mawson e Mackay, onde Score encontrou a rocha de Marte, foram mapeados em 1957-58 e batizados em homenagem ao professor R. S. Allan, da Universidade de Canterbury, na Nova Zelândia.

O chamado "Rosto em Marte", uma formação topográfica que, para muitos, sugere a forma de um rosto humano, apareceu em fotografias tiradas pelo orbitador *Viking* em 1976. Diversos meios de comunicação divulgaram a sugestão de que o rosto seria um artefato alienígena, até que imagens subseqüentes obtidas pelo *Mars Global Surveyor* destruíram essa ilusão.

Giovanni Schiaparelli descobriu o que chamou de *canali* em Marte em 1877, oito anos depois da inauguração do canal de Suez. Para Schiaparelli, que era engenheiro hidráulico por formação, as linhas retas eram tanto um produto de inteligência artificial quanto o canal da Mancha, embora mais tarde mudasse de idéia. Quando sua vista começou a falhar, Percival Lowell assumiu as observações — e interpretações — dos canais.

Johannes Kepler já inferira duas luas para Marte em 1610, mas os satélites só foram avistados em agosto de 1877, quando Asaph Hall, que trabalhava no Observatório Naval dos EUA em Washington, D. C., encontrou-os orbitando tão perto do planeta que quase desapareciam sob seu brilho. Escolheu então o nome de dois personagens da mitologia grega, Fobos e Deimos, que Homero descreve alternadamente como filhos de Ares, o deus da guerra, seus criados ou os cavalos que puxavam sua carruagem.

ASTROLOGIA (JÚPITER)

Dois horóscopos natais feitos para (e provavelmente por) Galileu sobreviveram e estão reproduzidos no volume XIX das suas *Obras completas*. Consumado astrólogo, ele todavia não classificaria as pessoas de acordo com o signo solar, pois essa prática só surgiu no século XX. Os elementos que definiam a astrologia da sua época eram o *horoscopus* (signo ascendente), o meio do céu, o *immum coeli* (oposto ao meio do céu) e o signo descendente, localizado no horizonte oriental do mapa.

Minha interpretação do mapa astral de Galileu é baseada numa leitura feita pela astróloga Elaine Peterson em 14 de agosto de 2003, complementada por verbetes do *The complete astrological handbook* (veja Bibliografia).

A citação de Galileu sobre "destino" foi extraída de *O mensageiro celeste*, no qual descreve suas descobertas telescópicas. As observações acerca de Cosimo provêm da introdução dedicatória do mesmo livro. Sua referência às luas como "estrelas" é apropriada e condiz com a terminologia do seu tempo, quando "a estrela Júpiter" era vista como uma raríssima "estrela errante" entre as "estrelas fixas" mais numerosas do firmamento.

Depois que Galileu identificou quatro luas jovianas em janeiro de 1610, nenhuma outra foi descoberta até 1892, quando Edward Barnard, do Observatório Lick, na Califórnia, enxergou Amaltéia. Outras doze foram avistadas no século xx, quatro delas pela *Voyager 2*. Os nomes destas e de outros 43 satélites detectados recentemente por astrônomos da Universidade do Havaí também seguem o tema dos seres mais amados por Júpiter.

Henry Cavendish descobriu o hidrogênio em 1766. A forma metálica deste elemento, prevista pela primeira vez na década de 1930, foi criada no Lawrence Livermore National Laboratory, da Califórnia, em 1996, quando uma fina película de hidrogênio líquido foi submetida a uma pressão de 2 milhões de atmosferas.

Os sumérios da Mesopotâmia deixaram registros de observações estelares que datam desde o século xviii a. C. Muitos dos nomes com que designaram as constelações — como Leão e Touro — ainda são usados. O zodíaco ocidental completo data de meados do século v a. C.

Embora Europa, o satélite joviano, seja nossa maior esperança de encontrar outro astro com vida no Sistema Solar, os cientistas estão convencidos de que Júpiter é desprovido de vida. A sonda *Galileo* não encontrou moléculas orgânicas complexas em sua atmosfera.

MÚSICA DAS ESFERAS (SATURNO)

O Saturno da mitologia grega, Cronos, engolia os filhos, temendo que eles um dia o assassinassem, como ele próprio assassinara o pai, Urano, para tornar-se senhor dos céus. Porém, um de seus filhos, Zeus (Júpiter), escapou de ser devorado, e mais tarde o destituiria e o destruiria.

Os anéis de Saturno ditos "clássicos" — os anéis A, B e C — estendem-se a uma distância de 136 milhões de quilômetros do planeta (ou 272 milhões de quilômetros de uma extremidade a outra). Esses são os anéis que podem ser avistados por um telescópio pequeno e aparecem nas imagens tão conhecidas do planeta. O fino e retorcido anel F, imediatamente exterior ao A, situa-se a 3,2 mil quilômetros do perímetro deste e sua largura não chega a cinqüenta quilômetros. O diáfano anel externo E, que começa a pouco mais de 160 mil quilômetros do centro de Saturno, tem quase 320 mil quilômetros de largura, de tal modo que a sua amplitude anelar de quase 1 milhão de quilômetros é mais do dobro da distância da Terra à Lua e abrange a órbita da lua Encélado. O anel E é feito de partículas congeladas que esse satélite brilhante vai soltando atrás de si.

Os anéis D e E foram detectados por telescópios terrestres em 1966 e 1970, respectivamente. (Na realidade, o E foi descoberto primeiro, mas os astrônomos questionaram sua realidade durante anos, ao passo que o D foi aceito de imediato.) A *Pioneer 11* descobriu o convoluto anel F em 1979, e a *Voyager 1*, o anel G em 1980.

O limite de Roche se aplica a objetos que se mantêm juntos por gravidade. A espaçonave *Cassini* pôde mergulhar seguramente no interior da Zona de Roche em Saturno porque suas partes são mantidas juntas por porcas, parafusos e a coesão cristalina de suas moléculas de metal.

Órbitas ressonantes, como a relação 2:1 entre a Divisão de Cassini e a lua Mimas, foram propostas pela primeira vez em 1866 por Daniel Kirkwood, um astrônomo americano que usou o conceito de ressonância para explicar falhas na distribuição das órbitas no Cinturão de Asteróides.

Os períodos de rotação dos planetas gigantes foram medidos originalmente cronometrando-se o reaparecimento de tempestades distintivas. Hoje são determinados pela taxa de rotação da magnetosfera de cada planeta, conforme medições feitas pela

Voyager 2. Como a magnetosfera de um planeta provém de suas profundezas internas, os cientistas presumem que ambas girem na mesma velocidade.

AR NOTURNO (URANO E NETUNO)

A epígrafe do capítulo foi extraída de uma das palestras de Maria Mitchell, publicadas postumamente por sua irmã, Phebe Mitchell Kendall.

Neste capítulo, supus que Maria Mitchell tivesse comunicado sua descoberta em 1847 à única outra mulher do mundo que também já descobrira um cometa, Caroline Herschel (1750-1848). Ao compor a resposta de Herschel, "ficcionalizei" apenas a forma, não o material factual. Ela era assistente do irmão quando este descobriu Urano e, na época da descoberta de Netuno, continuava ativa e intelectualmente ocupada, apesar de estar com 96 anos de idade. Recebeu a notícia do novo planeta através do explorador e barão Alexander Humboldt e mantinha contato epistolar com as figuras mais proeminentes dessa época tão fenomenal na história da astronomia, muitas das quais já encontrara pessoalmente, como o rei George III, a família real e três astrônomos reais, para não falar em Giuseppe Piazzi (descobridor do primeiro asteróide), Carl Friedrich Gauss e Johann Encke.

A descoberta do cometa Mitchell em 1847 precedeu três meses o falecimento de Caroline Herschel. Mitchell trabalhava então como bibliotecária em Nantucket e vivia com a família num apartamento sobre um banco, do qual seu pai, William Mitchell, era presidente. William era também um proficiente astrônomo amador e construíra um observatório no telhado do banco, onde pai e filha passavam longas horas. Em reconhecimento por sua descoberta, Maria Mitchell ganhou uma medalha de ouro do rei da

Dinamarca, um prêmio de us$ 100 da Smithsonian Institution e foi eleita membro honorário da Academia Americana de Artes e Ciências. Mais tarde, tornou-se a primeira pessoa a lecionar astronomia no Vassar College e conduziu expedições com alunos para observar dois eclipses totais do Sol. Na viagem que fez à Europa em 1857-58, hospedou-se na casa de sir John e Margaret Herschel e recebeu deles um dos cadernos que "tia Caroline" usara para registrar as observações do irmão, sir William.

As notas biográficas de rodapé, indicando as datas de nascimento e morte de vários astrônomos, parecem confirmar a prescrição de Maria Mitchell de que o "ar noturno" é conducente à longevidade.

Em suas *Memórias*, Caroline afirma que, sempre que sir William polia o espelho de um telescópio, para "mantê-lo vivo, eu era constantemente obrigada a alimentá-lo colocando bocados de comida em sua boca". Mas ela não se incomodava com tais afazeres: "Se constatasse que uma mão se fazia necessária para tomar algumas medidas especiais com o micrômetro de luz etc., ou que uma lareira precisava ser mantida acesa, ou que ele haveria de querer uma xícara de café para uma longa noite de vigília, eu realizava com prazer essas tarefas, o que outros talvez considerassem incômodo e estafante". Seu trabalho era às vezes penoso: "O espelho precisava ser fundido num molde de marga preparada com esterco de cavalo, do qual uma quantidade imensa era socada em pilão e filtrada em peneiras finas. Era um trabalho infindável e proporcionou-me mais do que a minha hora justa de exercício".

As primeiras cinco luas conhecidas de Urano são Oberon e Titânia (descobertas por sir William), Ariel e Umbriel, ligeiramente mais escuras (avistadas pela primeira vez em 1851 por William Lassell, em Liverpool), e Miranda, a mais próxima do planeta e também a mais brilhante e menor (descoberta em 1948 por Gerard Kuiper, que deu a ela o nome da heroína de *A tempestade*).

Sir John Herschel deve ter pensando genericamente em duendes e sílfides da literatura inglesa quando batizou as quatro primeiras luas uranianas, pois Umbriel (como a póstera Belinda) é personagem de "The rape of the lock" [O roubo da madeixa], de Alexander Pope. Depois que Kuiper batizou sua Miranda, Shakespeare passou a dominar as escolhas subseqüentes. Cinco luas, avistadas desde 1997 pelo telescópio Hale, na Califórnia, homenageiam o pai de Miranda, Próspero, e os personagens Calibã, Estéfano, Sicorax e Setebos, de *A tempestade*.

O interior dos planetas Urano e Netuno lembra o "fogo gelado e neve cor de azeviche" de *Sonho de uma noite de verão* (v, i):

> *"Uma cena curta e tediosa do mancebo Píramo*
> *E sua amada, a bela Tisbe; tragédia mui divertida."*
> *Ora! Tragédia divertida! Tediosa e curta!*
> *É o mesmo que dizer fogo gelado, neve cor de azeviche.*
> *Que acordo haverá para tão grande desacordo?*

Depois da descoberta dos anéis de Urano em 1977 por James Elliot, do MIT, e seus colegas a bordo do observatório aerotransportado Kuiper, a *Voyager 1* avistou sinais precários de anéis em Júpiter em março de 1979, confirmados três meses depois por sua nave irmã, a *Voyager 2*.

Os nomes dos anéis de Netuno homenageiam Adams, Leverrier, Galle, Lassell e François Arago (o grande astrônomo francês que insistiu que Leverrier estudasse Urano); nenhum se chama Airy.

ÓVNI (PLUTÃO)

O movimento de um corpo celeste em relação ao pano de fundo das estrelas fixas revela que se trata de algum tipo de objeto errante — um planeta, um cometa ou um asteróide. A mudança da sua posição dia após dia, como se pode observar em registros escritos ou em seqüências de chapas fotográficas, é um efeito de paralaxe criado pelo movimento da Terra. Tombaugh estudou suas chapas fotográficas com um cintilador — instrumento com duas lâmpadas cintilantes usado para analisar imagens ampliadas de uma mesma região no espaço tiradas em momentos diferentes.

O Observatório Lowell adiou o anúncio da detecção do planeta X até 13 de março de 1930 para que coincidisse com o que teria sido 75º aniversário de Percival Lowell e também o 149º aniversário da descoberta de Urano. A sra. Lowell, nascida Constance Savage Keith, escolheu o nome "Zeus" para o novo planeta, depois mudou de idéia e quis "Percival" e, por fim, indicou que preferia "Constance". Mas o pessoal do observatório optou pelo nome sugerido por Venetia Burney, uma menina de onze anos de Oxford, Inglaterra, que se comunicara com eles por telégrafo. "Plutão" não só se encaixava no esquema mitológico de nomes planetários (e estava na lista tríplice do pessoal do observatório antes mesmo da chegada do telegrama) como também celebrava as iniciais do fundador, "P. L."

Tomou-se a distância da Terra ao Sol como o parâmetro de uma unidade astronômica (UA). Com isso, Júpiter situa-se a 5 UA e Netuno a 30, enquanto Plutão e mais de uma centena de outros integrantes do Cinturão de Kuiper distam entre 30 e 50 UA. A inclinação de 17 graus na órbita de Plutão faz com que a sua posição se alterne entre 8 UA acima do plano do Sistema Solar e 13 UA abaixo. A distância efetiva entre Plutão e Netuno é sempre no mínimo 17 UA devido à ressonância estável de suas órbitas.

James W. Christy e Robert S. Harrington, do Observatório Naval dos EUA em Washington, D. C., deduziram a presença de Caronte a partir de fotografias de Plutão tiradas em Flagstaff, Arizona, não muito longe de Mars Hill. Christy escolheu esse nome pensando em sua esposa, Char (abreviação de Charlene), e também em Charon [Caronte em inglês], o barqueiro que transportava as almas através do rio Estige até os mundos infernais de Plutão.

David Jewitt (Instituto de Astronomia, Havaí) e Jane Luu (Universidade de Leiden), trabalhando juntos no telescópio da Universidade do Havaí em Mauna Kea, descobriram o primeiro "objeto do Cinturão de Kuiper", ao qual deram o nome de Smiley, o espião dos livros de espionagem de John le Carré, embora o nome oficial continue sendo 1992 QB1. Quaoar, Varuna e Ixion são outros objetos do cinturão. Foram descobertos no Observatório de Monte Palomar, na Califórnia, por Mike Brown (Caltech), Chad Trujillo (Observatório Gemini) e David Rabinowitz (Yale), que escolheram esses nomes de um catálogo mundial de deidades do submundo, em conformidade com as normas da International Astronomical Union.

Gerard Kuiper baseou a sua previsão da existência do cinturão que hoje leva seu nome nos movimentos de cometas de periodicidade curta, como o Halley e o Encke. As órbitas calculadas para esses corpos sugeriam que suas origens estavam na região do cinturão e que eles voltavam para lá sempre que desapareciam de vista. Em 1950, mesmo ano em que Kuiper publicou a sua idéia, o astrônomo holandês Jan Oort recorreu a um argumento semelhante e previu outro reservatório de cometas ainda mais distante, a cerca de 50 mil UA. O Cinturão de Kuiper tem o formato de um toróide (ou *donut*), ao passo que a "Nuvem de Oort" forma uma concha esférica. As órbitas de cometas de periodicidade curta vindos do Cinturão de Kuiper raramente se inclinam mais de 20 graus em relação ao plano da eclíptica. Por outro lado, planetas de periodicidade longa provenientes da Nuvem de Oort podem ter trajetórias com qualquer inclinação, até mesmo perpendiculares à eclíptica.

Na época de Lowell, o observatório situado em Mars Hill tinha uma vaca chamada Vênus. Depois que o nono planeta foi descoberto, Walt Disney apropriou-se do nome Pluto [Plutão] para o cachorro animado que introduziria em 1936. Compreensivelmente, Clyde Tombaugh escolheu o mesmo nome para seu gato.

Agradecimentos

Agradeço a todos os cientistas e consultores que compartilharam comigo porções tão generosas de seu tempo, entusiasmo ou ambos: Diane Ackerman, Kaare Aksnes, Claudia Alexander, Mara Alper, Will Andrews, William Ashworth, Victoria Barnsley, Jim Bell, Bob Berman, Rick Binzel, Bruce Bradley, William Brewer, Joseph Burns, Donald Campbell, John Casani, Clark Chapman, K. C. Cole, Guy Consolmagno, Lynette Cook, Kathryn Court, Dave Crisp, Jeff Cuzzi, David Douglas, Frank Drake, Jim Elliot, Larry Esposito, Tony Fantozzi, Timothy Ferris, Jeffrey Frank, Lou Friedman, Maressa Gershowitz, George Gibson, Owen Gingerich, Tommy Gold (falecido em 2004), Dan Goldin, Peter Goldreich, Donald Goldsmith, David Grinspoon, Heidi Hammel, Fred Hess, Susan Hobson, Ludger Ikas, Torrence Johnson, Isaac e Zoe Klein, E. C. Krupp, Nathania e Orin Kurtz, Barbara Lebkeucher, Sanjay Limaye, Jack Lissauer, Rosaly Lopez, M. G. Lord, Stephen Maran, Melissa McGrath, Ellis Miner, Philip Morrison (falecido em 2005), Michael Mumma, Bruce Murray, Keith Noll, Doug Offenhartz, Donald Olson, Jay Pasachoff, Nicholas Pearson, Elaine Peterson,

David Pieri, Carolyn Porco, Christopher Potter, Byron Preiss, Pilar Queen, Kate Rubin, Vera Rubin, Carl Sagan (falecido em 1996), Lydia Salant, Carolyn Scherr, Steven Soter, Steve Squyres, Rob Staehle, Alan Stern, Dick Teresi, Rich Terrile, Peter Thomas, John Trauger, Scott Tremaine, Alfonso Triggiani, Neil deGrasse Tyson, Joseph Veverka, Alexis Washam, Stacy Weinstein, Joy Wulke, Paolo Zaminoni e Wendy Zomparelli.

Duas pessoas realmente lutaram por este projeto e o orientaram até a sua forma atual: Michael Carlisle, da InkWell Management, meu maravilhoso agente literário, por querer saber a diferença entre o Sistema Solar e a Via Láctea, e também entre galáxia e universo; e Jane von Mehren, ex-editora-chefe da Penguin Books, que respondeu ao meu manuscrito com dezenas de perguntas perspicazes e centenas de sugestões úteis, todas oferecidas com paciência e sabedoria. Michael e Jane não se imaginavam "planeteiros" no começo desta jornada, mas, agora que a completamos juntos, ambos contemplam o céu noturno com mais freqüência do que antes.

Bibliografia

As obras indicadas aqui são fontes de conhecimento científico, histórico e literário. Informações atualizadas sobre os planetas vão se revelando em notícias divulgadas em periódicos científicos e na internet, incluindo os sites da NASA (www.nasa.gov), da The Planetary Society (www.planetary.org), do Space Telescope Science Institute (www.stsci.edu) e do United States Geological Survey (http://planetarynames.wr.usgs.gov).

Abrams, M. H., com E. Talbot Donaldson, Hallett Smith, Robert M. Adams, Samuel Holt Monk, George H. Ford e David Daiches (eds.). *The Norton anthology of English literature*, 2 v. Nova York: Norton, 1962.

Ackerman, Diane. *The planets: a cosmic pastoral*. Nova York: William Morrow, 1976.

Albers, Henry (ed.). *Maria Mitchell: a life in journals and letters*. Clinton Corners, Nova York: College Avenue Press, 2001.

Andrewes, William J. H. (ed.). *The quest for longitude*. Coleção de instrumentos científicos históricos. Cambridge, Mass.: Harvard University Press, 1996.

Asimov, Isaac. *Asimov's biographical encyclopedia of science and technology*. Nova York: Doubleday, 1972.

Aveni, Anthony. *Conversing with the planets*. Nova York: Times Books, 1992.

Barnett, Lincoln. *The universe and dr. Einstein*, 2ª edição revista. Nova York: William Morrow, 1957.

Beatty, J. Kelly, com Carolyn Collins Petersen e Andrew Chaikin (eds.). *The new solar system*, 4ª ed. Cambridge, Mass.: Sky Publishing, e Cambridge, Inglaterra: Cambridge University Press, 1999.

Bedini, Silvio A., Wernher von Braun e Fred L. Whipple. *Moon: man's greatest adventure*. Nova York: Abrams, 1970.

Bennet, Jeffrey, com Megan Donahue, Nicholas Schneider e Mark Voit. *The cosmic perspective*, 3ª ed. San Francisco: Pearson/Addison-Wesley, 2004.

Benson, Michael. *Beyond: visions of the interplanetary probes*. Nova York: Abrams, 2003.

Boyce, Joseph M. *The Smithsonian book of Mars*. Washington, D. C. e Londres: Smithsonian Institution, 2002.

Bradbury, Ray. *The Martian chronicles*. Nova York: Doubleday, 1950. [*As crônicas marcianas*. São Paulo: Globo, 2005.]

Breuton, Diana. *Many moons*. Nova York: Prentice-Hall, 1991.

Brian, Denis. *Einstein: a life*. Nova York: John Wiley & Sons, 1996.

Burroughs, Edgar Rice. *The gods of Mars*. Nova York: Grosset & Dunlap, 1918.

Caidin, Martin e Jay Barbree, com Susan Wright. *Destination Mars*. Nova York: Penguin Studio, 1997.

Calasso, Roberto. *The marriage of Cadmus and Harmony*. Traduzido do italiano por Tim Parks. Nova York: Knopf, 1993. [*As núpcias de Cadmo e Harmonia*. São Paulo: Companhia das Letras, 1990.]

Cashford, Jules. *The moon: myth and image*. Nova York: Four Walls Eight Windows, 2003.

Caspar, Max. *Kepler*. Traduzido e editado por C. Doris Hellman. Nova York: Dover, 1993.

Chaikin, Andrew. *A man on the moon*. Nova York: Viking, 1994.

Chapman, Clark R. *Planets of rock and ice*. Nova York: Scribner's, 1982.

Cherrington, Ernest H., Jr. *Exploring the moon through binoculars*. Nova York: McGraw-Hill, 1969.

Clark, Ronald W. *Einstein: the life and times*. Nova York: World, 1971.

Colombo, Cristovão. *The log of Christopher Columbus*. Traduzido do sumário de Las Casas por Robert H. Fuson. Camden, Maine: International Marine (McGraw-Hill), 1987.

Cooper, Henry S. F. *The evening star: Venus observed*. Nova York: Farrar, Straus and Giroux, 1993.

Darwin, Charles. *Voyage of the* Beagle. Editado por Janet Browne e Michael Neve. Nova York: Penguin, 1989.

Doel, Ronald E. *Solar system astronomy in America: communities, patronage, and interdisciplinary science, 1920-1960*. Cambridge: Cambridge University Press, 1996.

Elliott, James e Richard Kerr. *Rings: discoveries from Galileo to Voyager*. Cambridge, Mass.: MIT Press, 1984.

Finley, Robert. *The accidental Indies*. Montreal: McGill-Queen's University Press, 2000.

Galilei, Galileu. *Sidereus nuncius or the sidereal messenger*. Traduzido por Albert van Helden. Chicago: University of Chicago Press, 1989.

Gingerich, Owen. *The eye of heaven: Ptolemy, Copernicus, Kepler*. Nova York: American Institute of Physics, 1993.

_____. *The great Copernicus chase and other adventures in astronomical history*. Cambridge, Mass.: Sky Publishing, 1992.

Golub, Leon e Jay M. Pasachoff. *Nearest star: the surprising science of our sun*. Cambridge, Mass.: Harvard University Press, 2001.

Grinspoon, David Harry. *Venus revealed*. Reading, Mass.: Addison-Wesley, 1996.

Grosser, Morton. *The discovery of Neptune*. Nova York: Dover, 1979.

Hamilton, Edith. *Mythology*. Boston: Little, Brown, 1940.

Hanbury-Tenison, Robin. *The Oxford book of exploration*. Oxford, Inglaterra: Oxford University Press, 1993.

Hanlon, Michael. *The worlds of Galileo: the inside story of NASA's mission to Jupiter*. Nova York: St. Martin's, 2001.

Harland, David M. *Jupiter odyssey: the story of NASA's Galileo mission*. Chichester, Reino Unido: Springer/Praxis, 2000.

Hartmann, William K. *A traveler's guide to Mars*. Nova York: Workman, 2003.

Heath, Robin. *Sun, moon & Earth*. Nova York: Walker, 1999.

Herbert, Frank. *Dune*. Radnor, Pensilvânia: Chilton, 1965. [*Duna*. São Paulo: Nova Fronteira, 1987.]

Herschel, M. C. *Memoir and correspondence of Caroline Herschel*. Nova York: Appleton, 1876.

Holst, Imogen. *Gustav Holst: a biography*. Londres: Oxford University Press, 1938 e 1969.

_____. *The music of Gustav Holst*. Londres: Oxford University Press, 1951.

Howell, Alice O. *Jungian symbolism in astrology*. Wheaton, Illinois: Theosophical Publishing House, 1987. [*O simbolismo junguiano na astrologia*. São Paulo: Pensamento, 1992.]

Isacoff, Stuart. *Temperament: how music became a battleground for the great minds of Western civilization*. Nova York: Random House, 2001.

Johnson, Donald S. *Phantom islands of the Atlantic: the legends of seven lands that never were*. Nova York: Walker, 1996.

Jones, Marc Edmund. *Astrology: how and why it works*. Baltimore: Pelican, 1971.

KIine, Naomi Reed. *Maps of medieval thought*. Woodbridge, Inglaterra: Boydell, 2001.

Kluger, Jeffrey. *Journey beyond science*. Nova York: Simon & Schuster, 1999.

Krupp, E. C. *Beyond the blue horizon*. Nova York: Harper-Collins, 1991.

Lachièze-Rey, Marc e Jean-Pierre Luminet. *Celestial treasury*. Traduzido por Joe Laredo. Cambridge: Cambridge University Press, 2001.

Lathem, Edward Connery (ed.). *The poetry of Robert Frost*. Nova York: Henry Holt, 1979.

Levy, David H. *Clyde Tombaugh: discoverer of planet Pluto*. Tucson: University of Arizona Press, 1991.

_____. *Comets: creators and destroyers*. Nova York: Simon & Schuster, 1998.

Lewis, C. S. *Poems*. Nova York: Harcourt Brace, 1964.

Light, Michael. *Full moon*. Nova York: Knopf, 1999.

Lowell, Perciveal. *Mars*. Londres: Longmans, Green, 1896 (Elibron Classics Replica Edition).

Mailer, Norman. *Of a fire on the moon*. Boston: Little, Brown, 1969.

Maor, Eli. *June 8, 2004: Venus in transit*. Princeton: Princeton University Press, 2000.

Miller, Anistatia R. e Jared M. Brown. *The complete astrological handbook for the twenty-first century*. Nova York: Schocken, 1999.

Miner, Ellis D. e Randii R. Wessen. *Neptune: the planet, rings and satellites*. Chichester, Reino Unido: Springer/Praxis, 2001.

Morton, Oliver. *Mapping Mars*. Londres: Fourth Estate, 2002.

Obregón, Mauricio. *Beyond the edge of the sea*. Nova York: Random House, 2001.

Ottewell, Guy. *The thousand-yard model or the Earth as a peppercorn*. Greenville, Carolina do Sul: Astronomical Workshop, 1989. [Veja também http://www.noao.edu/education/peppercorn/pcmain.html e um resumo em português em http://astro.if.ufrgs.br/grao.htm.]

Panek, Richard. *Seeing and believing: how the telescope opened our eyes and minds to the heavens*. Nova York: Viking, 1998.

Peebles, Curtis. *Asteroids: a history*. Washington, D. C.: Smithsonian Institution, 2000.

Price, A. Grenfell (ed.). *The explorations of captain James Cook in the Pacific as told by selections of his own journals 1768-1779*. Nova York: Dover, 1971.

Proctor, Mary. *Romance of the planets*. Nova York: Harper, 1929.

Ptolomeu, Cláudio. *Almagest*. Traduzido por G. J. Toomer. Princeton: Princeton University Press, 1998.

_____. *Geography*. Traduzido por J. Lennart Berggren e Alexander Jones. Princeton: Princeton University Press, 2000.

Putnam, William Lowell. *The explorers of Mars Hill*. West Kennebunk, Maine: Phoenix, 1994.

Rudhyar, Dane. *The astrology of personality*. Santa Fe: Aurora, 1991. [*Astrologia da personalidade*. São Paulo: Pensamento, 1991.]

Sagan, Carl. *The cosmic connection: an extraterrestrial perspective*. Nova York: Anchor, 1973.

_____. *Pale blue dot: a vision of the human future in space*. Nova York: Random House, 1994. [*Pálido ponto azul*. São Paulo: Companhia das Letras, 1996.]

Schaaf, Fred. *The starry room: naked eye astronomy in the intimate universe*. Nova York: John Wiley & Sons, 1988.

Schwab, Gustav. *Gods and heroes of ancient Greece*. Nova York: Pantheon, 1946.

Sheehan, William. *Planets & perception*. Tucson: University of Arizona Press, 1988.

_____. *Worlds in the sky: planetary discovery from earliest times through Voyager and Magellan*. Tucson: University of Arizona Press, 1992.

_____ e Thomas A. Dobbins. *Epic moon*. Richmond, Virgínia: Willmann-Bell, 2001.

Standage, Tom. *The Neptune file*. Nova York: Walker, 2000.

Stern, S. Alan. *Our worlds*. Cambridge: Cambridge University Press, 1999.

_____. *Worlds beyond*. Cambridge: Cambridge University Press, 2002.

_____ e Jacqueline Mitton. *Pluto and Charon: ice worlds on the ragged edge of the solar system*. Nova York: John Wiley & Sons, 1999.

Strauss, David. *Percival Lowell: the culture and science of a Boston Brahmin*. Cambridge, Mass.: Harvard University Press, 2001.

Strom, Robert G. *Mercury: the elusive planet*. Washington e Londres: Smithsonian Institution, 1987.

Thrower, Norman J. W. (ed.). *The three voyages of Edmond Halley in the Paramore 1698-1701*. Londres: Hakluyt Society, 1981.

Tombaugh, Clyde W. e Patrick Moore. *Out of darkness: the planet Pluto*. Harrisburg, Pensilvânia: Stackpole, 1980.

Tyson, Neil de Grasse, com Charles Liu e Robert Irion (eds.). *One universe*. Washington, D. C.: Joseph Henry Press, 2000.

Van Helden, Albert. *Measuring the universe*. Chicago: University Press of Chicago, 1985.

Walker, Christopher (ed.). *Astronomy before the telescope*. Londres: British Museum, 1996.

Weissman, Paul R., com Lucy-Ann McFadden e Torrence V. Johnson (eds.). *Encyclopedia of the solar system*. San Diego: Academic Press, 1999.

Wells, H. G. *The war of the worlds*. Londres: William Heinemann, 1898. [*A guerra dos mundos*. São Paulo: Nova Alexandria, 2000.]

Whitaker, Ewen A. *Mapping and naming the moon*. Cambridge: Cambridge University Press, 1999.

Whitfield, Peter. *Astrology: a history*. Nova York: Abrams, 2001.

Wilford, John Noble. *Mars beckons*. Nova York: Knopf, 1990.

Williams, J. E. D. *From sails to satellites: the origin and development of navigational science*. Oxford, Inglaterra: Oxford University Press, 1992.

Wolter, John A. e Ronald E. Grim (eds.). *Images of the world: the atlas through history*. Washington, D. C.: Library of Congress, 1997.

Wood, Charles A. *The modern moon: a personal view*. Cambridge, Mass.: Sky Publishing, 2003.

Zubrin, Robert, com Richard Wagner. *The case for Mars*. Nova York: Free Press, 1996.

Créditos das ilustrações

p. 2 Fotografia © Royal Society

pp. 32-33 Fotografia © Science Photo Library/ Latinstock

pp. 38-39 Fotografia © Bettmann/ Corbis/ Latinstock

p. 53 Fotografia © Wellcome Library, Londres

p. 70 Fotografia © Bettmann/ Corbis/ Latinstock

p. 77 Fotografia © Wellcome Library, Londres

p. 79 © Reproduzido com a autorização de William Andrews Clarke Memorial Library, Universidade da Califórnia, Los Angeles (MAP G 9101 C93 1700 H34). Fotografia de Rand McNally (cortesia)

p. 94 Fotografia © Seth Joel/ Corbis/ Latinstock

p. 99 Fotografia © Royal Astronomical Society

p. 100 Fotografia © Roger Ressmeyer/ Corbis/ Latinstock

p. 102 Fotografia © Seth Joel/ Corbis/ Latinstock

p. 112 Fotografia © Mary Evans Picture Library

pp. 118-19 Fotografia © Detlev van Ravenswaay/ Science Photo Library/ Latinstock

p. 126 Fotografia © Gustavo Tomsich/ Corbis/ Latinstock

pp. 130-31 Fotografia © Wellcome Library, Londres

p. 133 Fotografia © Science Photo Library/ Latinstock

p. 145 De *A harmonia do mundo*, Johannes Kepler

p. 163 Fotografia © Bettmann/Corbis/Latinstock

Índice remissivo

Adams, John Couch, 165n-69
Afrodite (deusa grega), 56
Afrodite Terra (Vênus), 63
Água: Júpiter, 138; Marte, 112; Terra, 69, 76, 86
Airy, sir George Biddel, 165n, 166
Alfa Regio (Venus), 64
Allan Hills 84001, 107, 117
Almagesto (Ptolomeu), 37, 67
Anéis saturninos: composição, 148; concepção dos, por Maxwell, 150; deitados de lado, 148; descoberta, 148-9; diagrama dos, por Huygens, 149; Divisão de Cassini, 152; Divisão de Encke, 152; formação, 150-1; mudanças constantes, 153; observados por Galileu, 148; tamanho, 147
Anéis, sistemas de: e concepção cósmica, 154; Júpiter, 153; Netuno, 153, 174; Saturno ver Anéis saturninos; Urano, 153, 170-2, 175

Anões gelados, 183
Antiguidade: Jupiter na, 128; Mercúrio na, 35-40; Vênus na, 55-6
Antoniadi, Eugène, 47-8
Apollo (missão), 19, 91, 98, 105
Apolo (deus grego), 36
Apolônia (Mercúrio), 47
Aracnóides, 65
Ares Vallis (Marte), 117
Argos (o gigante Cem-Olhos), 36
Aristóteles, 37
Asteróide: Ceres, 182; Cinturão de, 25; formação dos, 55-6
Astrologia: separa-se da astronomia, 127; Júpiter na, 125-8, 135, 138
Astrologia chinesa, 135
Auroras, 31

Bacia Caloris (Mercúrio), 48
Baía dos Arco-Íris (Lua), 97
Balboa, Vasco Núñez de, 75
Beagle, 84

Big Bang, 23
Bode, Johann Elert, 160n, 161
Brahe, Tycho, 42

Caduceata (Mercúrio), 47
Calisto (lua de Júpiter), 139-40
Caronte (lua de Plutão): características da superfície, 186; descoberta de, 20, 181; órbita com Plutão, 184-5
Cassini (missão), 151, 190-3
Cassini, Jean Dominique, 149, 191
Ceres (asteróide), 182
Chryse (Marte), 117
Cilene (Mercúrio), 47
Colombo, Cristóvão, 190-3, 78
Cometa periódico Shoemaker-Levy 9, 136
Cometas, 97: formação dos, 29; Mitchell, 156; Shoemaker-Levy 9 (periódico), 136
Cook, James, 82-4
Copérnico, 40, 42, 76, 127, 144
Cordélia (lua de Urano), 171
Cox, Harold, 147
Crise, mar da (Lua), 97
Cronômetros, 84

Da Vinci, Leonardo, 95
Darwin, Charles, 84-6
Deimos (lua de Marte), 115
Desdêmona (lua de Urano), 171
Despina (lua de Netuno), 174
Discos protoplanetários, 154
Duas novas ciências (Galileu), 152

Earthlock, 101
Eclipse, 31-4
Einstein, Albert, 46
Encke, Johann Franz, 152, 156n

Eratóstenes, 69
Estrela anual (Júpiter), 135
Estrelas filantes, 29n
Estrelas mediceanas, 125, 127, 139n
Estrelas, formação das, e o Big Bang, 23
Europa (lua de Júpiter), 139-40, 142
Evros Vallis (Marte), 117
Exoplanetas, 20-1

FitzRoy, Robert, 84
Flammarion, Camille, 45
Flamsteed, John, 161n
Fobos (lua de Marte), 115

Galápagos, ilhas, 84, 86
Galatéia (lua de Netuno), 174
Galileo, missão, 137-42
Galileu, 124-9, 148, 152
Galle, Johann Gottfried, 168
Ganimedes (lua de Júpiter), 139-40
Gassendi, Pierre, 43
Gelo: de Netuno, 172; de Plutão, 185-6; de Urano, 172
Gênese, 23, 25, 31
Genesis Rock, 110
Geographia (Ptolomeu), 68-9
Gilbert, William, 78
Grande Mancha Vermelha (Júpiter), 129-32
Gravidade: Lua e marés, 99-100; do Sol, 27, 99-103; Gregos antigos, 37

Halley, Edmond, 79-82
Halley, linhas de, 80
Harmonice Mundi (Kepler), 145
Heliopausa, 31
Herschel, Caroline Lucretia, 155, 156n-70
Herschel, sir John, 155, 156n, 167, 192

230

Herschel, sir William, 155, 156n, 158n, 159, 162, 156-64, 169-71, 175
Hindemith, Paul, 145n
Holst, Gustav, 143-4, 146-7, 154
Hubble, telescópio espacial, 48, 175, 181
Huygens, Christiaan, 148-9, 191
Huygens, sonda, 191-3

Ingersoll, Andy, 189-90
Io (lua de Júpiter), 139-40
Ishtar (deusa caldéia), 55
Ishtar Terra (Vênus), 63
Ixion (objeto do Cinturão de Kuiper), 183

Julieta (lua de Urano), 171
Júpiter, 124-42: anéis, 153; avistado por Galileu, 124-9; campo magnético, 135, 140; composição química, 129-34, 136-7; e cometa periódico Shoemaker-Levy, 136; energia liberada, 132, 137; faixas, 129; formação, 26, 136-8; Grande Mancha Vermelha, 132; na astrologia, 125-8, 135, 138; no céu noturno, 28; nuvens, 129-34; órbita, 135; rotação, 135, 140; satélites, 129, 139-41; sonda Galileo, 137-42; tamanho, 128, 172; umidade, 138; ventos, 137

Kepler, Johannes, 42-3, 81n, 139n, 144-5
Klaproth, Martin Heinrich, 160n
Kuiper, Gerard, 174n, 183

Lacus Timoris (Lua), 97
Lada Terra (Vênus), 63
Larissa (lua de Netuno), 174

Lassell, William, 169n, 174
Lebreton, Jean-Pierre, 191
Leverrier, Urbain Jean-Joseph, 45, 165n-9
Lomonosov, Mikhail, 57
Lowell, Percival, 115n, 178-82
Lua: ausência de umidade, 97-8; características da superfície, 91-2, 98, 106; chuvas de micrometeoritos, 106; e eclipses, 34; e marés, 99-103; earthlock, 101; fases, 95-6, 105; formação, 26, 98; iluminada pelo Sol, 28, 105; lado oculto, 105; missões Apollo, 91-2, 105; rotação, 101, 103; sincronização com a Terra, 103

Ma'adim Vallis (Marte), 117
Magalhães, Fernão de, 62, 75
Magellan, missão, 62, 64, 66
Magnetismo: da bússola, 78; da Terra, 78-80; de Júpiter, 135, 140
Mappa mundi, 71-2
Marés de águas-vivas, 101
Marés e a Lua, 99-103
Mariner 9, 117
Mariner 10, 48-9
Mars (Lowell), 178
Mars Hill, 178-9
Marte: "terratização", 121; água em, 112; calotas polares, 111, 120; características da superfície, 110-3; exploração científica, 116-20; luas de, 115; meteorito de, 107-10; órbita, 115; rotação, 114; temperatura, 114; toxidade da superfície, 121; ventos, 111; vida em, 113-5
Maskelyne, Neville, 158n, 159
Maxwell, James Clerk, 63-4, 149
Maxwell, montes (Vênus), 64

Medici, Cosimo de, 125
Mercúrio: características da superfície, 48-9; concepção antiga de, 35-40; formação, 25; fotografias da Mariner 10, 49; mapeamento, 46-7, 49; *Messenger*, 49; na mitologia, 35-6; órbita, 15, 40-1, 47; proximidade do Sol, 40; rotação, 40, 47; temperatura, 28, 41; trânsito (1631), 43; visibilidade da Terra, 41-2, 46-8
Mercúrio (deus romano), 35-6
Messenger, 49
Meteoritos: Allan Hills 84001 vindo de Marte, 107, 117; determinação da idade, 110; Willamette, vale (Oregon), 18
Mimas (lua de Saturno), 152-3
Mínimo solar/máximo solar, 30-1
Mitchell, Maria, 63, 155-6
Mundilfari (lua de Saturno), 192n
Música: inspirada pelos planetas, 143, 145n-6; relação com astronomia, 144-6

Náiade (lua de Netuno), 174
Nebulosa proto-solar, 25
Nereida (lua de Netuno), 174
Netuno: anéis, 153, 174; calor gerado por, 174; campo magnético, 173; como planeta gelado, 28, 172-3; composição química, 172-3; descoberta, 45, 166-8; formação, 26; luas, 169, 174; no céu noturno, 28; órbita, 168n; relação com Urano, 168-9, 176, 182; rotação, 173; tamanho, 172; *Voyager 2*, 174
New Horizons, 186
Newton, sir Isaac, 44, 46, 128

Oberon (lua de Urano), 172
Objetos do Cinturão de Kuiper, 183-4, 186-7
Ofélia (lua de Urano), 171
Olympus Mons (Marte), 111

Pã (lua de Saturno), 192
Pangéia, 87
Pantalassa, 87
Peters, Christian, 45
Pigafetta, 75
Pioneer 10, 19
Pitágoras, 144, 152
Placas tectônicas, 87-8
Planetai (errantes), 37
Planetas: concepção grega dos, 27-8, 35-6; criação, 25; *ver também* o nome de cada planeta
Os planetas (suíte para orquestra de Holst), 143, 146-7
Planetesimais, 25-6, 187
Platão, 37, 144
Plutão: atmosfera, 185; características da superfície, 186; como planeta congelado, 28, 186; descoberta, 176, 180; dificuldade para enxergar, 28, 181; estatuto de planeta, 20, 181-3; formação, 26; iluminado pelo Sol, 186; lua de, 20, 181, 184-5; *New Horizons*, 186; no Cinturão de Kuiper, 183-4, 186-8; órbita, 184; rotação, 184
Principia Mathematica (Newton), 44
Proteu (lua de Netuno), 174
Ptolomeu, 37, 40, 43, 67-71

Quaoar (objeto do Cinturão de Kuiper), 183-4

Roche, Edouard, 151

Roche, Zona de, 151

Saturno: anéis *ver* Anéis saturninos; campo magnético, 153; *Cassini*, 151, 189-93; composição química, 147, 153; formação, 26; luas, 151-2; rotação, 153
Schiaparelli, Giovanni, 46-8
Sedna (planetóide), 187-8
Sírio (estrela), 69
Sistema Solar: desenvolvimento, 23-5; divisão, 25; formação dos planetas, 25; terceira região, 183; zona habitável, 28
Sol, 23-34: aquecendo os planetas, 28; criação, 24-5; e velocidade dos planetas, 27; eclipse total, 34; envelhecimento, 26-7; luz, 29; manchas, 30; rotação, 30; tamanho, 27; vento solar, 31
Solitudo Hermae Trismegisti (Mercúrio), 47
Sono, pântano do (Lua), 97
Sputnik, 19
Systema Saturnium (Huygens), 149

Talassa (lua de Netuno), 174
Tales de Mileto, 37
Terra, 67-89: era de exploração, 72-7; exploração científica (1698-1912), 78-87; formação da, 26; magnetismo, 78-80; mapeamento da, 68-81; placas continentais, 87; placas tectônicas, 87-8; rotação do núcleo da, 88; rotação, diminuição da, 103
Terra Incognita, 83
"Terratização", 121
Terremotos, 86-8
Téssera (Vênus), 65

Titã (lua de Saturno), 183, 191-2
Titânia (lua de Urano), 172
Tombaugh, Clyde, 176, 179-80
Tormentas, oceano das (Lua), 97
Tranqüilidade, mar da (Lua), 97
Tritão (lua de Netuno), 169n, 174

Urano, 155-65, 169-76: aceleração/desaceleração, 168; anéis, 153, 170-2, 175; campo magnético, 173; como planeta gelado, 28, 172-3; descoberta, 156n-64, 157n, 170-1; eclipse de estrela (1977), 170, 176; formação, 25; luas, 172; no céu noturno, 28; nomeação, 160; órbita, 162, 164, 173; relação com Netuno, 168-9, 176, 182; rotação, 173; tamanho, 172
"Uranus telescope", 158n
Utopia (Marte), 117

Valles Marineris (Marte), 112, 117
Varuna (objeto do Cinturão de Kuiper), 183
Venera, 65
Vento solar, 31
Vênus, 50-66: atmosfera, 59-60; brilho, 51-4; características da superfície, 62-6; chuva ácida em, 60; comparado com a Terra, 57-9; concepção antiga de, 56; formação, 25; iluminado pelo Sol, 28, 52; imagens da *Magellan*, 62-6; imagens da *Venera*, 65; na mitologia, 56; órbita, 55; rotação, 60-2; sombra, 54; temperatura, 59; trânsito de 1761, 81; trânsito de 1769, 81-2; trânsito de 1882, 63, 89; trânsito de 2004, 88; visibilidade da Terra, 51-4

Vênus (deusa romana), 56
Via Láctea, 24, 89
Viking, 117
Virga, 60
Voyager, missões, 146, 171, 174, 176
Vulcano (deus romano), 45
Vulcões anemônicos, 65

Wegener, Alfred, 87
Willamette, vale (Oregon): Meteorito, 18

Ymir (lua de Saturno), $192n$

Zona habitável, 28

ESTA OBRA FOI COMPOSTA EM MINION POR OSMANE GARCIA FILHO E
IMPRESSA PELA GEOGRÁFICA EM OFSETE SOBRE PAPEL PÓLEN SOFT DA
SUZANO PAPEL E CELULOSE PARA A EDITORA SCHWARCZ EM OUTUBRO DE 2006